U0156329

清华开发者书库

张卫钢　汤颖凡　著

画说通信原理

清华大学出版社

北京

内 容 简 介

本书将高等学校电子信息工程、通信工程、自动控制、网络工程、物联网工程、计算机科学与技术等专业的经典专业课程"通信原理"分为"通信的基本概念""调制和解调""编码和译码""数据通信"四个章节，采用通俗易懂的语言，结合日常生活实际，并辅以大量的原理图和类比漫画，有的放矢地对学习过程中会遇到的40个问题进行了详细讲解，以期达到让读者在轻松愉悦的状态下了解和掌握"调制、解调、编码、译码、同步、协议"等通信原理基本知识的目的。

本书是一部集知识性、趣味性、理论性、技术性及艺术性于一体的图书，可作为高等学校相关专业的参考用书，也可作为中学生及其他人群的科普读物。

图书在版编目(CIP)数据

画说通信原理 / 张卫钢，汤颖凡著 . —北京：清华大学出版社，2024.7
（清华开发者书库）
ISBN 978-7-302-62950-4

Ⅰ.①画… Ⅱ.①张… ②汤… Ⅲ.①通信原理 Ⅳ.① TN911

中国国家版本馆 CIP 数据核字 (2023) 第 038513 号

责任编辑： 刘　星
封面设计： 李召霞
版式设计： 方加青
责任校对： 韩天竹
责任印制： 沈　露

出版发行： 清华大学出版社
　　　　　　网　　　址：https://www.tup.com.cn，https://www.wqxuetang.com
　　　　　　地　　　址：北京清华大学学研大厦 A 座　　　　　　邮　　编：100084
　　　　　　社 总 机：010-83470000　　　　　　　　　　　　邮　　购：010-62786544
　　　　　　投稿与读者服务：010-62776969，c-service@tup.tsinghua.edu.cn
　　　　　　质 量 反 馈：010-62772015，zhiliang@tup.tsinghua.edu.cn
印 装 者： 小森印刷（北京）有限公司
经　　销： 全国新华书店
开　　本： 170mm×240mm　　　**印　　张：** 12.25　　　**字　　数：** 245 千字
版　　次： 2024 年 7 月第 1 版　　　**印　　次：** 2024 年 7 月第 1 次印刷
印　　数： 1~2000
定　　价： 89.00 元

产品编号：087979-01

亲爱的读者，您好！

首先介绍一下本书的主人公——土拨鼠皮皮，还有一起学习的同学：聪明猫圆圆、胖胖猪壮壮、黄毛猴蛋蛋和乖乖兔静静。

| 土拨鼠 | 聪明猫 | 胖胖猪 | 黄毛猴 | 乖乖兔 |
| 皮皮 | 圆圆 | 壮壮 | 蛋蛋 | 静静 |

希望您能够喜欢他们，并与我们一起探索"通信原理"之谜。

1. 为什么要学习通信原理

如果把美国科学家、画家塞缪尔·莫尔斯作为现代通信技术之父的话，那么从他 1844 年 5 月 24 日在华盛顿国会大厦最高法院会议厅用自己发明的电报机向巴尔的摩发送世界上第一封电报算起，现代通信技术已经走过了近 200 年的历程。古人憧憬并想象的"千里眼"和"顺风耳"等超凡功能也在这个历史进程中一一实现。通信技术不但在社会生产和军事国防等领域发挥着巨大作用，而且逐渐渗入人们日常生活的方方面面。

（1）**电子交流**。人与人之间的信息和情感交流由于生活和工作节奏的加快，从面对面谈话、登门拜访、信函通信等传统方式更多地向电子交流方式发展，可视电话、电子邮件、网上聊天、网上交友已渐渐成为现代人的日常生活。

（2）**电子商务**。电子商务就是可以通过网络进行的所有人类经济活动的总和。有了电子商务，人们不用再为进货销售东奔西跑，不用再为生意合同频频会面，不用再为付款、催账而成为银行的常客，足不出户即可在分分秒秒之间完成这些昔日耗费大量精力和物力的商务活动。尤其是在对外贸易活动中，电子商务扮演着极为重要的角色。同样，对于喜欢上街购物而又没有时间的女士来说，到网上浏览各种网络商店，随心所欲地选购自己喜爱的商品，然后坐等送货上门，再通过网络付款，这不仅满足了生活所需，而且免去了腿脚之劳，已成为一种购物常态。由电子定单、电子合同、电子货币、电子支票、网络银行、网络商店等基本要素构成的电子商务系统被认为是现代化的一个标志，是人们经济活动方式的一次飞跃。

（3）**视频会议**。传统的聚众开会将成为历史，不同地区甚至不同国家的人们将利用网络的多媒体功能，召开身临现场般的网络会议，不仅节省了大量的差旅费，而且更广泛、更迅速、更方便。

（4）**远程教育**。远程教育不仅为那些远离学校和难以入校的学子们带来福音，极大地拓宽了受教育面，同时改变了传统的课堂教学模式。配合视频点播功能可使受教育者随时随地自由地选择心仪的学校、老师和课程进行学习和交流。线上教学已经成为当代教育不可或缺的新型教学手段。

基于网络和计算机视觉技术（艺术）的慕课（MOOC）教学形式不但消除了时空距离，更把形象教学和实验教学手段发挥到了极致，极大地提高了优质教学资源的普及和利用率。

（5）**远程医疗**。到医院看病治疗一直是人们比较头疼的问题，尤其是在缺医少药的偏远地区。有了远程医疗，人们在家中通过网络不仅可寻医问药，还能遍邀世界各地的名医专家会诊治疗，大大提高了人类健康水平、预防和治疗疾病水平。

（6）**网上娱乐**。你想打桥牌吗？你想纹枰对弈吗？你想亲临战场吗？网络时代的很多娱乐活动将不再需要人们共聚一堂，而是可以通过网络与世界各地的爱好者捉对、组团、一展身手、同享此乐。

（7）**视频点播**。现在虽然电视节目有很多，但人们仍觉得可看（自己喜欢）的节目太少。视频点播将结束人们的这种烦恼，人们在家中可随意到自己热衷的电视台或网站点播自己喜欢的各类电视节目。

（8）**智能手机**。21世纪初出现的智能手机在很大程度上改变了人们的生活及工作方式。足不出户，利用智能手机几乎可以完成日常生活的绝大部分任务——购物、看病、娱乐、买车票、买机票、买船票、买电影票、买景区和博物馆门票、叫出租车、买饭等，甚至在家里、在路上都可以随时随地方便、快捷地处理各种公务。

凡此种种，不胜枚举。

可见，今天的人们如果不会一点通信技能，比如"玩"手机，那么在生活中几乎寸步难行，而支撑各种通信技术的理论基础——通信原理，逐渐从高深艰涩的理论中走出，成为现代人必须了解和掌握的常识。因此，为了更好地生活、工作，更好地与人交流，更好地为社会作贡献，不论学什么专业、干什么工作，都必须学习一点通信知识，掌握一些通信技能，这就是撰写本书的目的。

2. 本书特点

"通信原理"是电子信息工程、通信工程、自动控制和计算机科学与技术等信息类专业的一门经典课程。我从事交通和通信相关专业的教学工作几十年，发现二者有很多共性，用交通领域的一些概念及知识和现实生活中的一些实例类比通信活动，对该课程的教学活动有积极的推动作用。另外，我还从事过电化教育工作多年，对知识的形象化表示和教学方法有较深刻的认识和丰富经验。因此，本书具有如下特点。

（1）**内容有的放矢，功能明确实用**。采用问答形式，所有问题都来自日常的教学实践，在内容选取、问题设置等环节做到符合教学要求和学生的实际学习情况。同时，尽量减少教科书中的定量推导过程，以定性描述和诠释为主。

（2）**文字简明扼要，语言通俗易懂**。为适合低龄读者，尽可能地将枯燥难懂的理论和技术知识用通俗易懂的语言简明扼要地描述出来，甚至采用了一些社会流行语。

（3）**举例生动多样，诠释准确有趣**。采用与通信具有类比性的交通实例及生活现象解释通信理论概念，使读者更容易理解并掌握相关的通信知识。

（4）**插图丰富形象，漫画新颖风趣**。为了达到让读者喜闻乐见的目的，将知识点与难点尽可能地图示化，并用漫画形式表现出来，也许这就是本书最突出的优点吧。

简言之，本书的特点就是"结合交通与生活实例，用漫画加文字讲解通信原理"。

本书定位于教学辅导用书，是大学教材的延伸及补充，同时也是科普书。

本书既着眼于提高大学生的专业学习兴趣，也力图用更通俗的语言和更形象的插图、插画向广大初、高中生普及通信原理的相关知识。

3. 本书内容

经典"通信原理"课程的内容可用"调制、解调、编码、译码、同步"十个字概括。我也编写了几本基于以上"十字真经"的通信原理教科书，如《通信原理教程》，清华大学出版社，2016；《通信原理与技术简明教程》，清华大学出版社，2013；《通信原理与通信技术》（第 4 版），西安电子科技大学出版社，2018；《通信原理与通信技术学习指导》，西安电子科技大学出版社，2004。而本书的内容虽然也源自"十字真经"，但并不像教科书那样系统和全面，而是选取了一些关键知识点和学习过程中普遍遇到的难点进行有的放矢的讲解。另外，为了帮助读者更好地了解网络尤其是物联网技术，对数据通信原理也进行了比较详细的介绍。

根据自己几十年的教学经验以及早年从事电化教育的经历，我认为，对于各种自然科学知识而言，抽象、艰涩、难懂是共性；要想把一门课程教好，除了自身要搞懂课程内容之外，更重要的是如何将知识以简单、易懂的方法高效地传授给学生。我曾在课堂上说过："如果说存在一种最好的教学方法的话，那非知识的图像化莫属"，而大家儿时几乎都经历过的"看图识字"学习过程就是典型的图示化教学范例。

因此，我精选了本书的内容，设计了本书的结构和图示化的叙述方法，再由汤颖凡老师妙笔生花，设计了"土拨鼠皮皮"作为我的漫画替身。另外，林智慧副教授和刘睿讲师校对了全部书稿，张语诗、田芳铭老师也有贡献，在此向她们表示衷心感谢！

由我精心设计、制作并主讲的"信号与系统"慕课已经在"学堂在线"平台上线了，这是"通信原理"的先导和基础课，大家可以在"学堂在线"进入视频课堂学习。

铃响了，不多说了，上课！我们一起开启"探秘通信原理"之旅吧！

张卫钢

2024 年 5 月于西安

目录

CONTENTS

 第 2 章 调制和解调 / 61

第 3 章　编码和译码 / 113

 第 4 章　数据通信 / 141

 参考文献 / 185

第 1 章
通信的基本概念

第 1.1 讲 "通信原理"是一门什么课

1.1.1 课程地位

"通信原理"课程不仅是国内众多高等学校"通信工程""电子信息工程""网络工程"和"物联网工程"等本科专业的一门重要专业核心课程,同时,也是很多高等学校相关专业硕士研究生的入学必考科目,在本科生培养阶段占有极其重要的地位。

1.1.2 课程内容

经典"通信原理"课程的核心内容可用"调制、解调、编码、译码、同步"十个字概括,主要介绍的是支撑各种模拟和数字通信技术的数学理论及电路原理基础知识。

1.1.3 课程难度

该课程是相关专业中最难教、最难学也最难考的一门课,原因在于它包含的知识点较多,涉及"高等数学""概率论""数理统计""线性代数""电路分析""模拟电路""数字电路""信号与系统"共八大课程。

不瞒各位同学,当年我的"通信原理"课就没考好,也就是个"中",丢人呀!!因此,在本科阶段能够学好这门课的同学都是我眼中的"牛人"!

1.1.4 课程学习方法

按理说,学习方法因人而异,不存在针对所有人的普适之道。但根据前人的经验,还是可以提炼并总结出一些适合多数人的基本方法。

我认为要学好这门课程必须具备以下条件：

（1）**良好的数学基础**。因该课程一般在第六或第七学期开设，对多数同学而言，数学知识已经尘封两年，所以，需要扒出来复习、巩固和提高，尤其是"概率论"和"数理统计"。

（2）**良好的电路基础**。从实际上看，通信系统是各类电子元器件的集合，因此，必须对"电路分析"、"模拟电路"和"数字电路"课程有较好的记忆和掌握。

（3）**良好的信号与系统基础**。从理论上看，各种通信系统（模块）大都可认为是一个LTI系统。对通信系统的研究及分析，其实就是对LTI系统的研究及分析。因此，"信号与系统"是"通信原理"课程的重要基础课或前导课。

（4）**良好的演算能力**。该课程与"信号与系统"一样，既需要理解和掌握不少数学、物理概念，又需要进行大量的习题演算。只有多算、多练才能发现问题并解决问题，从而达到对理论知识融会贯通和学以致用之目的。

1.1.5 结语

（1）"通信原理"是重要的专业课和考研课。

（2）"通信原理"是涉及知识较多的综合课。

（3）"通信原理"是需要深入思考的理论课。

（4）"通信原理"是需要多做习题的演算课。

（5）"通信原理"是现代人应该了解的常识。

1.1.6 问答

问题 1

🐷皮皮 谁能用自己的语言描述一下你理解的"通信原理"课程？

🐷静静 是一把披荆斩棘的"利剑"。

🐷壮壮 是一盘五颜六色的"水果"。

🐷蛋蛋 是一条崎岖不平的"山路"。

🐷圆圆 是一棵枝繁叶茂的"大树"。

🐷皮皮 为什么是大树呀？

🐷圆圆 "挂"人呀。我估计如果不玩命，咱们都得"挂"！

众人呜呜呜……好害怕！

蛋蛋 老师，学完这门课，我是不是就知道了收音机的工作原理？

皮皮 岂止是收音机！目前大家看到、用到的通信设备（电话、电视等）的原理几乎都可以从中找到答案。这也就是为什么说"通信原理是当代人应该了解和学习的常识"的原因。

蛋蛋 那我可要下点功夫了，我就喜欢学这些。

第 1.2 讲　什么是通信

1.2.1　通信的定义

通常，可认为"通信是人与人或人与自然界之间通过某种媒介进行的空间信息传递或交流的过程"。或者说，"通信是需要信息的双方或多方采用某种方法、通过某种媒介将信息从一方准确传送到另一方或多方的过程"。而大家平常挂在嘴上的"通信"特指利用电（光）信号进行的信息传输或交换过程。因此，"通信原理"课程中的"通信"可定义如下。

通信：利用电（光）信号将含有信息的消息进行空间传递的过程或方法。

简单地说，通信就是信息的空间传递。

那么，为什么要进行通信活动呢？美国数学家香农这样说过："人们只有在两种情况下有通信的需要。其一，是自己有某种形式的消息要告知对方，而估计对方不知道这个消息；其二，是自己有某种疑问要询问对方，而估计对方能作出一定的解答。"显然，通信的目的或结果就是"获取信息"，从而消除通信前双方存在的疑问，也就是"不确定性"。

1.2.2 信息、消息及信号的概念

在通信（communication）的定义中有三个专业术语：信息、消息和信号。

1. 信息

信息（information）：事物运动状态或存在方式的不确定性描述，是人们欲知或想表达的事物运动规律。

信息是抽象的，是消息的内涵，可泛指人们欲知而未知的一切内容。信息通常是不可数的，但为了便于叙述，也用量词"个、条、种"等表述。

2. 消息

消息（message）：语音、文字、音乐、数据、图片或活动图像等能够被人所感知的信息表达形式。

显然，消息是信息的形式载体。消息类似容器，信息好比容器中的物品。一条消息可以包含丰富的信息，也可以不包含信息。某种信息可以由多种消息形式表示，比如寻狗启事可以在报纸上以文字形式出现，也可以在广播或电视上以语音或音像形式发布，如图 1-1 所示。

图 1-1 不同的消息形式

消息可以分为连续（模拟）消息和离散（数字）消息两类。连续消息是指消息的状态连续变化或不可数，如语音、图像等；离散消息则是指消息的状态是离散变化或可数的，如符号、字母和数据等。

在大多数通信应用场合中，信息和消息不用严格区分，可等同看待。

3. 信号

信号（signal）的定义后面会给出，这里可认为它是消息的物理载体，是通信任务实施的具体对象，而消息是信息的形式载体。三者关系的类比图如图 1-2 所示。

图 1-2　信息、消息与信号的关系类比图

因为交通与通信具有较强的类比性（严格地讲，电信是交通的一个分支），所以可用一些公路和铁路交通实例作为比较对象（见图 1-3），比如：交通 - 通信；运输 - 传输；乘客、货物 - 信息；箱、筐、袋 - 消息；运载工具 - 信号；道路 - 信道等，旨在帮助读者更透彻地理解通信原理中许多概念和问题。

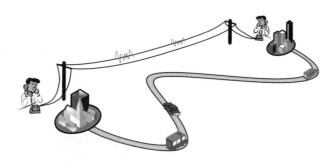

图 1-3　通信与交通类比图

1.2.3　结语

（1）一种信息（水果）可被装入多种消息（箱、袋、筐等）。

（2）一条消息（箱）也可以携带多种信息（水果、书籍、衣服等）。

（3）信号可以有多种（车、船、飞机等）。

（4）通信的目的是传递或获取信息，进而消除通信各方存在的信息或内容的"不确定性"，但要借助于物理信号的传输才能实现。

1.2.4　问答

皮皮 蛋蛋，你能否讲一个一种信息可以用多种消息携带的例子？

蛋蛋 嗯，我觉得天气预报是一种信息，可以被报纸（文字）、广播（声音）、电视（图像）等消息携带。

皮皮 很好。

问题 2

静静 老师，从刚才您讲的内容可知，信息与消息是可以分离的，或者说，它们之间不是一一对应的关系。那么，从图1-2上看，我觉得信息与信号好像也可以分离，对吗？

皮皮 嗯，等我们讲到"数据通信"时，就可以全面地回答这个问题。但现在可先用交通实例类比信号与信息的分离，从而加深对通信概念的理解。谁能举例说明？

圆圆 老师，我试试。比如，我要把10吨苹果用货车拉到城里卖，首先必须保证汽车可以从我家开到城里的水果市场，也就是先要进行信号传输，而车上可以装有苹果，也可以不装，对吗？

😊皮皮 嗯，对的。

😈圆圆 老师，那我就不明白了！我妈给我打电话时，肯定是我听到信号也就知道了信息，信息与信号不可分呀？！

😊皮皮 哈哈，圆圆说得也有道理。这个问题涉及模拟通信与数据通信的区别，我们后面会专门介绍。

第 1.3 讲　什么是通信系统

1.3.1　通信系统的概念

交通是把货物/乘客从出发地搬移/运输到目的地，通信是把信息从信源传输到信宿。若把用于运输货物/乘客的人、车、路的集合称为交通系统（见图 1-4）的话，那么，通信系统可定义如下。

通信系统：用于进行信息传输的设备（硬件）、协议（软件）和传输介质的集合。

图 1-4　交通系统

从硬件上看，各种通信系统（communication system）主要由信源、发送设备、传输介质、接收设备、信宿五部分组成（见图 1-5）。

图 1-5　通信系统的一般模型

图 1-5 宏观地描述了一般通信系统的组成，反映的是各种通信系统的共性。根据不同的通信任务，图中各方框可细分且名称和作用也会有所差异，从而形成不同的实际通信系统模型。比如，普通电话通信系统就包括信源/信宿、交换机、

载波机、电缆（有线介质）等；无线广播通信系统包括话筒、放大电路、调制电路、发射电路、空间（无线介质）、接收电路、解调电路、扬声器等。两个常见通信系统实例如图 1-6 所示。

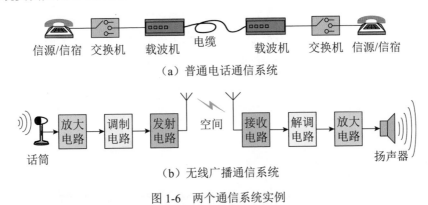

（a）普通电话通信系统

（b）无线广播通信系统

图 1-6 两个通信系统实例

通信系统各部分的含义如下。

（1）**信源**：通信系统的起点，指能把欲传送的消息转换成原始电信号的人、设备或装置。根据消息的种类不同，信源可分为模拟信源和数字信源。模拟信源输出连续（模拟）信号，如话筒（声音→音频信号）、摄像机（图像→视频信号）；数字信源则输出离散（数字）信号，如计算机的键盘（字符／数据→数字信号）。

（2）**信宿**：通信系统的终点，其功能与信源相反，指能把原始电信号（如上述的音频信号、视频信号、数字信号）还原成原始消息的人、设备或装置，如扬声器将音频信号还原成声音，显示屏可将视频信号还原成图像。

（3）**传输介质**：指能够传输电信号、光信号或无线电信号的物理实体。比如电缆、光纤、空间或大气。

（4）**发送设备**：指能将原始电信号变换为适合信道传输的信号的设备或装置。主要功能是使发送信号的特性与信道特性相匹配，能够抗干扰且具有足够的功率以满足远距离传输的需要。发送设备可能包含变换器、放大器、滤波器、编码器、调制器、复用器等功能模块。

（5）**接收设备：**与发送设备作用相反，指能够接收信道传输的信号并将其转换为原始电信号的设备或装置。其主要功能是将信号放大及反变换（如译码、解调、解复用等），目的是从受到减损的接收信号中正确恢复出原始信号。

（6）**噪声：**指一切可能会影响有用信号的信号。噪声存在于信号传输的整个过程之中。为方便计，通常将全部噪声集中作用于传输介质上（但并不意味着只有传输介质存在噪声）。噪声形式多样，大多会破坏信号传输（改变信号波形），引发信息错误。

图 1-7 用邮政通信系统类比通信系统，以加深大家对通信系统的理解。

图 1-7　邮政通信系统类比通信系统

1.3.2　结语

（1）交通运输任务需要一个交通系统完成，同样，通信任务也需要一个通信系统实施。

（2）通信系统是由电子元器件构成的各种信号处理电路的集合。因此，"电路分析"、"模拟电路"和"数字电路"等课程内容是设计、分析、构建、运行和维护它的基本知识。

（3）通信系统在宏观上可抽象为一个输入为信源、输出到信宿的信号处理模块。在具体分析研究时，可根据不同功能划分为若干子系统（单输入＋单输出），比如，编/译码系统、调制/解调系统、发射/接收系统等。因大多数子系统具有线性时不变特性，所以它们的分析方法可沿用"信号与系统"中的 LTI 系统分析法。

1.3.3 问答

问题 1 ?

🐷皮皮 谁能举出一个生活中有输入和输出的系统实例？

🐷蛋蛋 我觉得压面条机算一个。输入是面团，输出是面条。

🐷壮壮 我也说一个——邮政系统。输入是信件或包裹，输出还是信件或包裹，但输出可能会有破损和丢失。

问题 2 ?

🐷皮皮 壮壮的回答引出另一个概念——破损和丢失。谁能用通信概念描述破损和丢失？

🐷静静 是不是噪声？

🐷皮皮 对！邮件的破损和丢失可以类比噪声对信号的损害。这个问题后面会专门讨论。

第 1.4 讲　什么是模拟通信、数字通信

1.4.1　什么是模拟通信

模拟通信：以模拟信号携带模拟消息的通信过程或方法。

其特征是信源和信宿处理的都是模拟消息，信道传输的是模拟信号。比如普

通电话通信系统和广播系统都是模拟通信实例。根据信号调制与否，模拟通信系统可分为调制通信系统和基带通信系统，如图 1-8 所示。

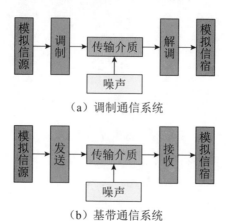

（a）调制通信系统

（b）基带通信系统

图 1-8　模拟通信系统模型

1.4.2　什么是数字通信

数字通信：以数字信号携带模拟消息的通信过程或方法。

其特征是信源和信宿处理的都是模拟消息，但信道传输的是数字信号。比如数字电话通信系统就是典型的数字通信系统。根据信号调制与否，数字通信系统也可分为调制通信系统和基带通信系统，如图 1-9 所示。

可见，图 1-9 的通信系统与图 1-8 的相比，多了"信源编码 / 译码"和"信道编码 / 译码"功能模块，而这正是数字通信系统的特点所在。通常，信源编码完成的是将模拟信息转换成数字信号的功能（模拟信息→消息码元），而信源译码则功能相反（消息码元→模拟信息）；信道编码是将信源编码输出的数字信号变成具有检 / 纠错功能的脉冲序列（消息码元＋冗余码元），信道译码功能完成纠正传输错码的任务（错误消息码元→正确消息码元）。

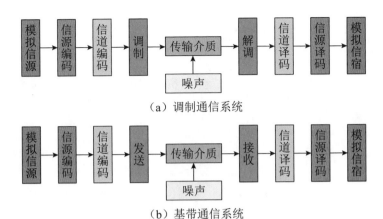

（a）调制通信系统

（b）基带通信系统

图 1-9　数字通信系统模型

1.4.3　为什么要引入数字通信

电信号（光信号）在传输时的一个主要变化是衰减，即信号强度的减小，传输距离越长衰减越大，信号频率越高衰减越快；另一个变化是信号波形的畸变（主要由衰减和噪声引起）。高质量的模拟通信系统要求衰减和畸变都比较小，但实际系统难以满足人们对通信质量越来越高的指标要求。为此，人们发明了数字通信技术，以提高模拟信息的传输质量。

通常，模拟通信系统在信号传输上采用逐级放大方法，而数字通信系统多采用再生。比如：一队游客在导游的带领下，沿着窄小的山道拾阶而上，最前面的导游（信源）拿起话筒对着最后面的人（信宿）喊："张先生，快跟上，别掉队！"这是模拟通信的信号传输方法；他也可以用传口令的方法让游客们依次将"张先生，快跟上，别掉队！"的命令传下去，这就是数字通信的信号传输方法。

从信息传输的角度上看，可以认为**模拟通信系统是一种信号波形传输系统，而数字通信系统是一种信号状态传输系统**。

图 1-10 是两种通信系统信号传输示意图。图 1-11 是两种信号传输类比图。

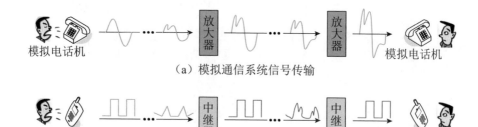

(a) 模拟通信系统信号传输

数字电话机 ... 中继器 ... 中继器 数字电话机

(b) 数字通信系统信号传输

图 1-10　两种通信系统信号传输示意图

图 1-11　模拟通信与数字通信类比图

1.4.4　数字通信的优缺点

相较于模拟通信技术，数字通信技术有如下优缺点。

优点：

（1）抗干扰能力强。因数字信号的取值个数有限（大多数情况下只有 0、1 两个值），所以在传输过程中，可不关心信号幅度的绝对大小，只注意相对于某个判断阈值的大小即可。同时，各种信号传输或变换电路是以"抽样—判决—再生"的方法处理信号，可消除噪声积累。

（2）便于进行信号加工及处理。因为信号可以存储，故可以像处理照片一样随意加工处理（在技术允许的范围内）。

（3）传输中出现的差错（误码）可以设法控制，提高了通信质量。

（4）数字消息易于加密且保密性强。

（5）可传输语音、图像、图片、数据等多种消息，增加了通信系统的灵活性和通用性。

缺点：

（1）系统较复杂、成本较高。

14

（2）系统所需带宽较大，频带利用率较低。比如，一路模拟电话信号的带宽为 4kHz，而一路数字电话信号要占 20 ～ 60kHz 的带宽。

1.4.5 结语

（1）数字通信技术得以实现的先决条件是模数转换（ADC）和数模转换（DAC）。

（2）数字通信技术抗干扰能力强的根本原因有两点：一是码元判决的电平容错限度较大；二是再生传输的码元质量好。

（3）因为没有 ADC 技术，所以，贝尔发明了最早的模拟通信系统——电话系统。

1.4.6 问答

问题 1 ?

🙂皮皮 壮壮，能否举一个生活中的数字通信实例？

😀壮壮 我晚上做作业时不希望被别人打扰，但圆圆除外。若她找我，我就让她按我俩约好的"一长两短"的暗号敲门。这算不算实例？

🙂皮皮 准确地说，这是一个数据通信实例。有关数据通信的概念我们会在第 4 章介绍。

问题 2 ?

🙂皮皮 蛋蛋，你能用一句成语或俗语描述两种通信的特点吗？

😊蛋蛋 合起来说，可用"各有千秋"描述；分开来说，可用"甘蔗没有两头甜"表述。

🙂皮皮 很好，很准确，有辩证思想。

问题 3 ?

😊圆圆 老师，模拟和数字通信系统都包含调制系统和基带系统，那么，什么是调制系统？什么是基带系统？

🙂皮皮 简单地说，基带通信类似人走路，调制通信类似人坐车。详细解释以后会讲。

问题 4 ?

🐵皮皮 静静，你能否简单地画个图描述一下两种通信系统？

🐱静静 嗯，我试试。老师，您看这样画对不对（见图 1-12）？

🐵皮皮 非常好！不但画出了模拟和数字系统的特点，还突出了基带与调制系统的区别。

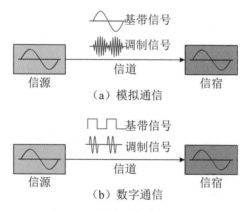

图 1-12　两种通信系统示意图

第 1.5 讲　什么是信号、噪声和干扰

信号和噪声是通信技术发展过程中永恒的主题，就像一对欢喜冤家难舍难分。哪个通信工程师的嘴上不是天天挂着信噪比和误码率！甚至在一些特殊或关键通信系统中，噪声已成为工程师们挥之不去的梦魇！下面跟大家聊聊它们俩的那些事儿。

1.5.1 信号的定义

通信的根本任务是传递信息，但必须以传输信号为前提。比如，古时的烽火、抗战年代的消息树、军队中的冲锋号、信号弹、信号灯及信号旗等都是携带信息的信号实例。而近代一切通信系统都是把信息 / 消息转化为电压、电流或无线电波（光波）等信号形式，再利用各种传输手段进行传输，从而完成通信任务。

通过对上述信号实例的抽象及概括，可以给出信号的基本定义如下。

信号：可以携带消息的各种物理量、物理现象、符号及图形等。

在现代通信系统中，信号主要指变化的电压、电流、无线电波或光波。

普通信号必须具有可观测性和可变化性，而用于通信的信号还必须具有可控制性。大家知道，信息的最终使用者是人或相关的机器设备。作为信息的物理载体，信号必须能被人的视觉、听觉、味觉、嗅觉、触觉感受到或被机器设备检测到，否则就失去了传输意义；而信号若不可变，则无法携带丰富多彩的信息；最后，信号必须能够人工控制或实现。比如，打雷和闪电具有信号的前两个特性，但无法由人控制、产生，因此它们不能作为通信信号使用。

信号可类比卡车（火车或飞机），消息就是卡车上的集装箱，信息则是集装箱中的货物。

1.5.2 信号的分类

通信信号有以下几个主要类型。

（1）根据消息载体的不同，信号可分为电信号和光信号两大类。电信号主要包括电压信号、电流信号和无线电信号等；而光信号则是利用光亮度的强弱或有无来携带信息。

（2）根据携带信息的种类不同，信号主要可分为声音（音频）信号、活动图像（视频）信号和数据信号等。音频信号指频率在20Hz～20kHz内的携带语音、音乐和各种声效的电信号，其中包含频率在300Hz～3.4kHz内的话音信号（电话系统专用术语）。视频信号指直接携带活动图像信息的0～6MHz的电信号。数据信号主要指携带0、1数据的数字电信号（通常以电脉冲序列形式出现），通常它不能直接携带信息，而需要根据协议通过编码技术赋予。

（3）根据频谱位置的不同，信号可分成基带信号和带通信号。通常，把频谱最低值f_L小于频谱宽度$B = f_H - f_L$的信号称为基带信号，常见的基带信号是不经过调制处理的原始信号；而把f_L大于频谱宽度$B = f_H - f_L$的信号称为带通信号，常见的带通信号就是经过调制处理的已调信号。两种信号频谱示意图见图1-13。

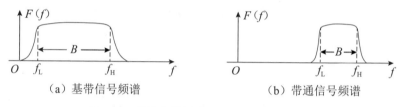

（a）基带信号频谱　　　　　　　　（b）带通信号频谱

图1-13　基带信号频谱及带通信号频谱示意图

基带信号一般直接携带信息（比如音频和视频信号），收信端收到基带信号也就收到了信息；而已调信号虽然也携带信息，但收信端必须对接收到的已调信号进行解调处理才能还原原始信息。典型的基带信号通信系统是单位内部的有线广播系统，扬声器可直接将语音信号播放出来；典型的带通信号通信系统是无线电广播系统，收音机收到的是已调信号，虽然它也包含语音信息，但不能直接通过扬声器播放出来，必须经过解调才行。

（4）根据外在表现的不同，信号可分为模拟信号和数字信号两大类。

模拟信号：参量（因变量）取值随时间（自变量）的连续变化而连续变化的信号。

模拟信号如图1-14（a）所示。时间轴t上的任意一点都对应有y轴上的一个确定值。通俗地讲，波形为连续曲线的信号就是模拟信号。模拟信号的主要特点是在其出现的时间内具有无限个可能的取值，而正是这一特点使得模拟信号难以存储。现实生活中模拟信号的例子很多，如电话机话筒输出的信号和AM广播信号等。

离散信号：在时间上离散取值的信号。

离散信号如图1-14（b）所示。可见，t取0、1、2、3等离散值，而y的取值随函数的关系而定，即为离散自变量所对应的函数值，是多少就是多少，没有做任何限制，可以连续，也可以离散。它与模拟信号的主要区别是自变量的取值不连续。

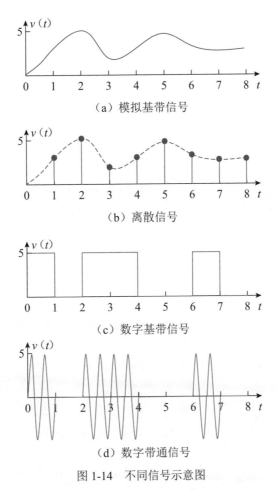

（a）模拟基带信号

（b）离散信号

（c）数字基带信号

（d）数字带通信号

图 1-14　不同信号示意图

在"信号与系统"课程中，自变量离散，因变量取值个数有限的信号叫数字信号。在通信领域，除了这种常见的具有高低两种电平被叫作数字基带信号的数字信号外，还有一种以模拟信号形式出现、携带数字消息的数字信号，可称为"数字带通信号"，如后面要讲到携带 0 和 1 数据的 ASK、FSK 和 PSK 等。可见，"信号与系统"课程中数字信号的定义就不够宽泛了。因此，在通信领域，可以认为

数字信号：用一个参量的有限个取值携带数字消息的信号。

这里的参量指信号的幅度、频率和相位。按照这个定义，数字信号包含数字

基带信号和数字带通信号两种，见图 1-14 （c）和图 1-14 （d）。通常，数字信号多指数字基带信号。

（5）根据变化规律的不同，信号可分为确知信号和随机信号两大类。确知信号的变化规律是已知的，比如正弦型信号、指数信号等；随机信号的变化规律是未知的，比如人们打电话时的语音信号、电视节目中的图像信号及各种噪声等。

显然，各种分类可以重叠，也就是说，一个信号可以分属不同的类型，比如话筒输出的信号就是模拟、基带、随机、声音、电信号。

1.5.3　噪声的定义

噪声（noise），是生活中出现频率颇高的一个词，也是通信领域中与信号齐名的专业术语。但通信领域中所谓的噪声不同于大家所熟悉的以音响形式反映出来的各种噪声，如交通噪声、风声、雨声、人们的吵闹声、建筑工地的机器轰鸣声等。噪声可定义如下。

噪声：一种不携带有用信息的电信号，是对除有用信号外其他信号的统称。

简言之，不携带有用信息的信号就是噪声。显然，噪声是相对于有用信号而言的。

1.5.4　噪声的分类

根据来源的不同，噪声可分为以下类型。

（1）自然噪声。存在于自然界的各种电磁波，如闪电、雷暴及其他宇宙噪声。

（2）人为噪声。来源于人类的各种活动，如电焊产生的电火花、车辆或各种机械设备运行时产生的电磁波和电源的波动，尤其是为某种目的而特制的干扰源（如下述的电子对抗）。

（3）内部噪声。通信设备内部由元器件本身产生的热噪声、散弹噪声及电源噪声等。

根据表现形式的不同，噪声可分为单频噪声、脉冲噪声和起伏噪声。

（1）单频噪声。一种以某一固定频率出现的连续波噪声，如 50Hz 的交流电噪声。

（2）脉冲噪声。一种随机出现的无规律噪声，如闪电、车辆通过时产生的噪声。

（3）起伏噪声。主要指系统的内部噪声，它也是一种随机噪声，其研究方法必须运用概率论和随机过程知识。因为它普遍存在且对通信系统有着长期影响，所以是噪声研究的主要对象。另外，元器件本身的热噪声、散弹噪声都可看成无数独立的微小电流脉冲的叠加且服从高斯分布，即热噪声、散弹噪声都是高斯过程，因此，这类噪声也被称为"高斯噪声"。

除了用概率分布描述噪声的特性外，还可用功率谱密度加以描述。若噪声的功率谱密度在整个频率范围内都是均匀分布的，类似于包含所有可见光光谱的白色光光谱，则称其为"白噪声"。不是白噪声的噪声被称为"带限噪声"或"有色噪声"。通常，把统计特性服从高斯分布、功率谱密度服从均匀分布的噪声称为"高斯白噪声"。图 1-15 是噪声实例。

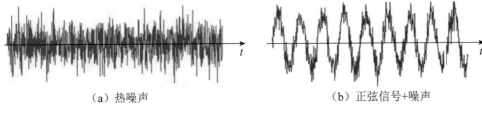

（a）热噪声　　　　　　　　　　　　　　　（b）正弦信号+噪声

图 1-15　噪声实例

1.5.5　干扰的定义

与噪声紧密相关的一个概念是干扰（disturb）。

干扰：一类不携带信息的电信号或由噪声引起的对通信产生不良影响的效应。

干扰通常指来自通信系统内、外部的噪声对接收信号造成的骚扰或破坏。或者说在接收所需信号时，由非所需能量造成的扰乱效应。简言之，干扰就是能够降低通信质量的噪声。

干扰一定来自噪声，而噪声不一定产生干扰。

从通信的角度上看，干扰是一件坏事，应尽量避免和消除。但在军事上却有一种叫作"电子对抗"的技术专门制造或产生各种干扰，以破坏敌方的无线通信，借以取得战争的主动权。

信号在通信系统中传输时，通常会受到两类干扰。

第一类干扰是由系统或信道本身特性不良而造成的。比如，各种线性、非线性畸变，交调畸变和衰落畸变等系统不良特性对信号的干扰，这类干扰可类比为坡度、弯度、平整度等道路本身特性不良对交通的不利影响。

第二类干扰是指通信系统内部和外部噪声（信道噪声）对接收信号造成的干扰或破坏，或者说，在接收所需信号时，由非所需能量造成的扰乱效应。比如导线内部的热噪声和系统外部的雷电噪声都会干扰通信，影响通信质量；又比如大家通过收音机正在收听新闻，忽然有一个其他电台的音乐窜了进来，影响了收听

新闻，这个音乐也是一种干扰。这类干扰可用车道中的人力车、畜力车及横穿马路的行人或突降的雨雪对行车的影响类比。

两类信道干扰可用图 1-16 类比。

图 1-16 信道干扰类比图

根据在信道中的表现形式，噪声通常可分为乘性噪声和加性噪声两种。

若设信道输入信号为 $v_i(t)$，输出信号为 $v_o(t)$，则信道输入与输出的关系可描述为

$$v_o(t) = f[v_i(t)] + n(t) \tag{1-1}$$

式中，$f[v_i(t)]$ 表示信道对输入信号的变换，即输入信号 $v_i(t)$ 通过信道发生变化后的波形，f 表示某种变换关系。为讨论方便，设 $f[v_i(t)]$ 可表示为 $k(t)v_i(t)$，则式（1-1）就变成

$$v_o(t) = k(t)v_i(t) + n(t) \tag{1-2}$$

式中，$k(t)$ 和 $n(t)$ 各表示一种信道噪声。由于 $k(t)$ 与 $v_i(t)$ 相乘，所以称为乘性噪声，也就是上述的第一类干扰；因为 $n(t)$ 与 $v_i(t)$ 是相加的关系，故称为加性噪声，即上述的第二类干扰。这样，就把不同信道对信号的干扰抽象为乘性和加性两种。也就是说，站在抗干扰的角度上看，所谓信道的不同，其实质就是 $n(t)$ 与 $k(t)$ 的不同。

抗干扰是通信系统要研究的主要问题之一。除了在理论与方法上寻求解决之外（比如角调制比幅度调制抗干扰性好，数字通信系统比模拟通信系统抗干扰性好），在实用技术上也有很多措施，比如屏蔽、滤波等。

注意：在通信原理中，通常认为"噪声"与"干扰"同义且多用"噪声"。

1.5.6 结语

（1）信号的本质是随时间变化的波形。记住：**不变化，无信息！**

（2）噪声的本质也是随时间变化的波形，但不携带人们感兴趣的信息。

（3）在一个通信系统中，一种信号的出现相对于另一种信号可能是噪声。

1.5.7 问答

问题 1 ❓

🐣蛋蛋 老师，根据您对基带信号的介绍，我觉得在生活中，常见的原始信号应该大都是基带信号，比如：声音信号、视频信号、键盘输出信号等，换句话说，鲜有原始信号是带通信号的，对吗？

🐼皮皮 嗯，可以这么理解。

问题 2 ❓

🐰静静 老师，如果我想用水管运送水，那么这条水流是否可以比喻为模拟信号？

🐼皮皮 嗯，不错，比喻挺形象！

问题 3 ❓

🐯壮壮 老师，如果我用桶提水运送，那么，一桶桶水是不是就类似数字信号？

🐼皮皮 你倒挺会触类旁通的。但桶是消息，水是信息，而提桶的人才是数字信号。

问题 4 ❓

🐷圆圆 老师，如果我们排队进教室比喻为信号的话，那么，蛋蛋突然从路边横穿打乱了队伍，蛋蛋就是噪声或干扰，对吗？

🐼皮皮 对！

问题 5 ❓

🐣蛋蛋 老师，按"信号与系统"的定义，数字基带信号的波形应该是谱线形式，而常见的数字基带信号波形自变量 t 并不离散，比如图 1-27（c）所示，这如

何解释呢？

皮皮 问得好！其实，让波形连续有利于传输。因为在实际传输时，每个中继节点都需要在规定时刻对波形抽样，如果信号值在一段时间内保持，则抽样时刻就不必非常精确，否则，很容易漏抽。另外，一旦抽样成功，则只有抽样时刻的信号值是有用的，其余时间的信号值没有用，从这个意义上讲，自变量是离散的。这也就是为什么说模拟通信是"波形通信"，而数字通信是"状态传输"的主要原因了。

蛋蛋 嗯，明白了！老师。

第 1.6 讲　什么是信道

1.6.1　信道的概念

如同交通系统需要为车辆（飞机）提供行驶（飞行）的道路（航线）一样，通信系统也需要为信号的传输提供通道或路径。因此，信道可以定义如下。

信道：为信号提供的物理传输通道或路径。

信道的类比图如图 1-17 所示。

图 1-17　信道的类比图

显然，要完成通信任务，首先，信号必须依靠传输介质传输。传输介质一般可分为有线介质和无线介质两类。有线介质主要是各种线缆和光缆（类比铁路、公路）；无线介质主要指可以传输无线电波和光波的空间或大气。从通信系统的角度上看，传输介质就是连接通信双方收、发信设备并负责信号传输的物理实体。因此，传输介质可被定义为"狭义信道"。

狭义信道：可以传输电信号（光信号）的物体或物质。

其次，因为信号还必须经过很多设备（发送机、接收机、调制器、解调器、放大器等）进行各种处理，这些设备显然也是信号经过的通道，所以，把传输介质（狭义信道）和信号必须经过的各种通信设备统称为"广义信道"。

广义信道：可以传输电信号（光信号）的物体或物质以及电路或设备的集合。

在通信系统的分析及研究中，若无说明，信道多指广义信道。

1.6.2 有线介质

有线介质：双绞线、同轴电缆、架空明线、多芯电缆和光纤等。

（1）双绞线 TP（twisted pair）。它由若干对两条相互绝缘的铜导线按一定规则绞合而成，简称 UTP（非屏蔽双绞线）。采用绞合结构是为了减少对邻近线对的电磁干扰。为了进一步提高双绞线的抗电磁干扰能力，还可以在双绞线的外面再加上一个用金属丝编织而成的屏蔽层，形成 STP（屏蔽双绞线）。两种双绞线如图 1-18 所示。

屏蔽箔

屏蔽双绞线   非屏蔽双绞线

图 1-18　双绞线

（2）同轴电缆（coaxial cable）。它由内部导线（单股实心或多股绞合铜质芯线）、内部绝缘层、网状编织的金属丝屏蔽层以及保护塑料外层组成（见图 1-19）。这种结构使其具有高带宽和较好的抗干扰特性，适合传输频分复用的多路信号。按特性阻抗数值的不同，同轴电缆又分为 50Ω 的基带同轴电缆和 75Ω 的宽带同轴电缆两种。

带连接器的同轴电缆

塑料外层
内部导线
内部绝缘层
金属丝屏蔽层
同轴电缆

图 1-19　同轴电缆及其结构

（3）光导纤维（optical fiber）。简称光纤，是光纤通信系统的传输介质。

光纤呈圆柱形，主要由外套、绝缘层、封套和纤维芯四部分组成（见图 1-20）。芯由一条或多条非常细的玻璃丝或塑料纤维线构成，每根纤维线都有自己的封套。由于这一玻璃或塑料封套涂层的折射率比芯线低，故可保证光线在纤芯内部传输。一束或多束有封套纤维的外套由塑料或其他材料构成，用以防止外部的潮湿气体侵入以及磨损或挤压等伤害。

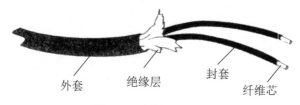

外套　　　绝缘层　　　封套　　　纤维芯

图 1-20　光纤及其结构

根据传输数据的模式不同，光纤可分为多模光纤和单模光纤两种。

多模光纤中，有多条不同入射角的光线同时传播，如图 1-21（a）所示。这种光纤的芯直径较粗，其范围是 $50 \sim 100 \mu m$。

单模光纤中，光没有反射，沿直线传播，如图 1-21（b）所示。这种光纤的直径比多模光纤细得多（直径在 $7 \sim 9 \mu m$），只传输一条光线。显然，单模光纤的信号传输质量比多模光纤好。

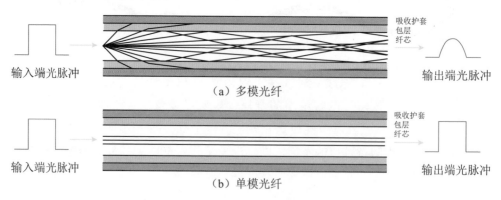

输入端光脉冲　　　　　　　　　　　　吸收护套 包层 纤芯　　　输出端光脉冲
（a）多模光纤

输入端光脉冲　　　　　　　　　　　　吸收护套 包层 纤芯　　　输出端光脉冲
（b）单模光纤

图 1-21　两种光纤传输示意图

多模光纤

单模光纤

1.6.3 无线介质

如果通信任务要经过一些高山、岛屿、沼泽、湖泊、偏远地区或穿过鳞次栉比的楼群时，用有线介质铺设通信线路就非常困难；另外，对于处于移动状态的用户来说，有线传输也无法满足他们的通信要求，而采用无线介质就可以解决这些问题。

无线介质：可以传输电磁波（光波和无线电波）、超声波等无线信号的空间或大气。

在光波中，红外线、激光是常用的信号类型，前者广泛地用于短距离通信，如电视、录像机、空调器等家用电器使用的遥控装置；后者可用于建筑物之间的局域网连接。超声波信号主要用于工业控制与检测中，如液位检测、距离检测等。

因为无线电波容易产生，传播距离远，能够穿过建筑物，既可以全方向传播，也可以定向传播，所以绝大多数无线通信采用无线电波作为传输信号。

为合理利用电磁波资源，根据其频率的高低或波长的长短，可将其分为 9 个大波段（见表 1-1）。不同频率（波长）电磁波的传播特性各异，应用场合也不尽相同。波长指信号在一个周期内传播的距离，数值上等于信号两个相邻波峰（波谷）之间的距离，通常用 λ 表示。波长（m）、频率（Hz）、光速（3×10^8 m/s）三者满足公式 $\lambda = \dfrac{c}{f}$。

表 1-1　电磁波资源划分表

频段名称	频率范围	波长范围	波段名称	传输介质	用　　途
甚低频 VLF	3Hz～30kHz	10^8～10^4m	甚长波	导线 长波无线电	音频、电话、数据终端、长距离导航、时标
低频 LF	30～300kHz	10^4～10^3m	长波		导航、信标、电力线通信

续表

频段 名称	频率范围	波长范围	波段 名称	传输介质	用　途
中频 MF	300kHz～3MHz	10^3～10^2m	中波	同轴电缆 中波无线电	调幅广播、移动陆地通信、业余无线电通信
高频 HF	3～30MHz	10^2～10m	短波	同轴电缆 短波无线电	移动无线电话、短波广播、军用定点通信、业余无线电通信
甚高频 VHF	30～300MHz	10～1m	超短波	同轴电缆 米波无线电	电视、调频广播、空中管制、车辆通信、导航
特高频 UHF	300MHz～ 3GHz	1m～10cm	微波	波导 分米波无线电	电视、空间遥测、雷达导航、点对点通信、移动通信、专用短程通信、微波炉、蓝牙技术
超高频 SHF	3～30GHz	10～1cm		波导 厘米波无线电	微波接力、雷达、卫星和空间通信、专用短程通信
极高频 EHF	30～300GHz	1cm～1mm		波导 毫米波无线电	微波接力、雷达、射电天文学
紫外线、 红外线、 可见光	10^5～10^7GHz	$3×10^{-4}$～ $3×10^{-6}$cm	光波	光纤 激光空间传播	光通信

1.6.4　无线电波的传播方式

无线电波的传播方式主要有地面波传播、天波传播、地－电离层波导传播、视距传播、散射传播、外大气层及行星际空间电波传播等几种。

（1）**地面波传播：**即无线电波沿地球表面传播。

（2）**天波传播：**是利用电离层对电波的一次或多次反射进行的远距离传播，是短波的主要传播方式。所谓电离层是大气中具有离子和自由电子的导电层。

（3）**地－电离层波导传播：**是指电波在从地球表面至低电离层下缘之间的球壳形空间（地－电离层波导）内的传播。

（4）**视距传播：**发射天线辐射的电波像光束一样，直接传到接收点的传播方式。另外，发射天线发射、经地面反射到达接收点的传播方式被称为大地反射波传播。

（5）**散射传播：**是利用对流层或电离层介质中的不均匀体或流星余迹对无线电波的散射作用而进行的传播方式。实际的流星余迹通信除了散射传播外，还可利用反射进行传播。

（6）**外大气层及行星际空间电波传播：**是以宇宙飞船、人造地球卫星或星体为对象，在地－空、空－空间进行的电波传播。卫星通信利用的就是这种传播方式。

上述传播方式示意图见图 1-22。

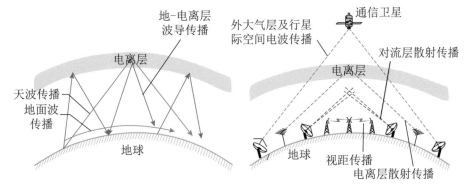

图 1-22 无线电波传播方式示意图

1.6.5 结语

（1）建立信道是实施通信任务的先决条件。

（2）有线信道可靠性高，但便捷性差、覆盖面小、成本高。

（3）无线信道便捷性好、覆盖面大，但可靠性和保密性差。

1.6.6 问答

壮壮 老师，我们知道道路的宽窄对交通是有影响的，那么，信道是否也有宽窄的要求？

皮皮 嗯，动脑筋啦！有，就是"通频带"的大小，后面会讲到。

🐢蛋蛋 老师，那道路的平整度对交通也有影响，信道是否也有相应的概念？

🐨皮皮 嗯，会举一反三啦，很好。有的，就是衰减和干扰。

🐱静静 老师，如果用车类比信号的话，车辆的宽度可以比作信号的什么参数呢？

🐨皮皮 就是信号频谱宽度。大家今天思维敏捷，很好！望继续保持。

第 1.7 讲　什么是信号频谱和信道通频带

通常，人们习惯于在时间域研究信号幅度（因变量）与时间（自变量）的关系。而在通信领域还常常需要了解信号幅度和相位与频率（自变量）之间的关系，即要在频率域中研究信号。因此，这一讲就聊聊信号和系统在频率域的特性问题。

需要声明两点，一是通信原理课程中，不严格区分频率 f 和角频率 ω；二是术语"函数"和"信号"可以互换，信号可认为是具有物理意义的函数。

1.7.1　什么是频谱

用于通信的信号大多包含多个频率分量，比如一个周期方波信号就是由不同频率的正弦信号分量叠加构成。生活中，一架钢琴的 88 个键分别对应 88 个不同频率的声波，当演奏者按下一个和弦时，所发出的声波就是几个单音声波的合成，如图 1-23 所示。

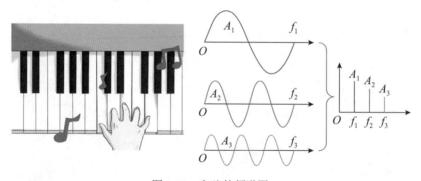

图 1-23　和弦的频谱图

在时间轴上看，该声波是一个幅度不停变化的曲线，但在频率轴上看，就是几个位于不同频率的直线段（分量信号的幅度）。可以用下面的例子解释这个问题。

假设现在有四个不同频率、振幅和初相的余弦信号，它们的时域表达式分别为

$$f_1(t) = 4\cos(100t)，\quad f_2(t) = 3\cos(200t + \frac{\pi}{6})$$

$$f_3(t) = 2\cos(300t + \frac{\pi}{4})，\quad f_4(t) = 1\cos(400t + \frac{\pi}{3})$$

显然，它们都是时间 t 的函数。但是我们注意到，如果把四个信号的振幅和初相看作因变量的话，那么它们和另一个变量——频率 ω 也呈函数关系，如图 1-24 所示。

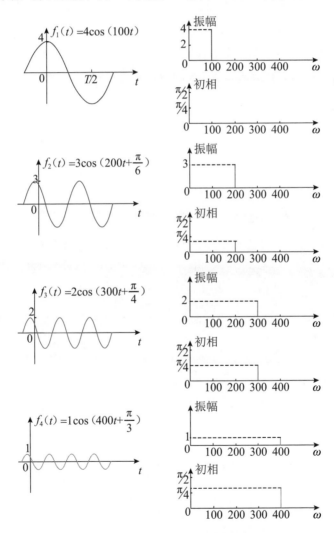

图 1-24　正弦信号时域及频域波形

可见，振幅与频率构成一个函数，简称"幅频函数"，相位（初相）与频率

也构成一个函数，简称"相频函数"。也就是说，任意一个正弦信号除了时域波形外，还可用幅频波形和相频波形在频域中表示。简言之，正弦信号的频域波形（频谱）由幅值和初相两个垂直线段构成。

注意：通常，幅频波形和相频波形要分开画。只有当相频波形只取 0 和 π 两个值时，两者才可以画在一起。

若把上述 4 个信号加起来，就构成信号 $f_5(t)$，即有

$$f_5(t) = 4\cos(100t) + 3\cos(200t + \frac{\pi}{6}) + 2\cos(300t + \frac{\pi}{4}) + 1\cos(400t + \frac{\pi}{3})$$

其时域波形如图 1-25（a）所示。而在频域，把图 1-24 中的 4 个幅频函数和 4 个相频函数分别相加，即可构成 $f_5(t)$ 的幅频函数和相频函数，见图 1-25（b）。显然，$f_5(t)$ 的幅频函数和相频函数呈谱线状波形，类似大家熟悉的光谱波形。因此，也被称为"幅频谱"和"相频谱"，二者可统称为"频谱"。

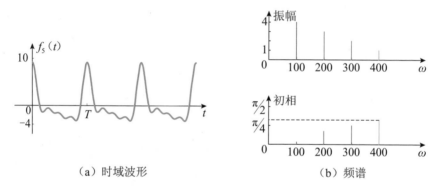

（a）时域波形   （b）频谱

图 1-25　合成信号 $f_5(t)$ 的时域波形及频谱

图 1-26 给出了一个时域方波及其频谱。图 1-27 给出了白光的光谱分解示意图。

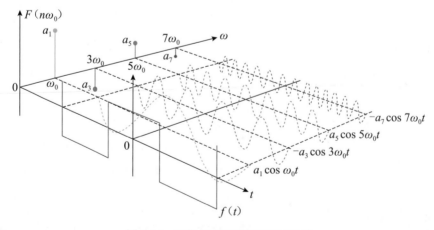

图 1-26　对称方波的时域和频域波形

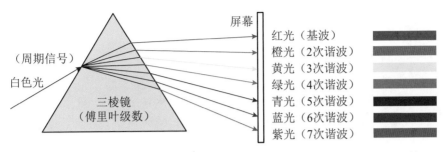

图 1-27　三棱镜分光原理图

1.7.2　什么是信道通频带

大家知道，通信就是信号在信道中的传输过程。因为信号都有频谱，所以信道的频率特性会直接影响信号的传输质量。这个概念类似于道路的不同质量指标（比如宽度、平整度等）对车辆行驶产生的不良影响。

车辆需要在宽度大于车宽的道路上才能正常行驶，同样，信号也需要在频率宽度大于信号频谱宽度的信道或系统中才能不失真传输。这个信道或系统的频率宽度就叫"通频带"。

若把一个幅值恒定、频率连续可调的正弦信号加到一个信道的输入端，那么当把该信号的频率从小到大连续改变时，所对应的信道输出信号与频率的变化关系就是信道的频响特性。频响特性可分为两种。

幅频特性：输出信号幅度随频率变化的关系。

相频特性：输出信号相位随频率变化的关系（它反映了输出对输入的延迟）。

在多数情况下，人们只关心信号幅频特性，因此，把信道输出信号幅频率特性也称为频率响应曲线。大多数信道的频响曲线都是带通型的，也就是说，信道对某一频率段的信号幅度影响不大且基本上一致，而对大于或小于该频率段的信号衰减很大，甚至到零，其曲线形状像一个不太规则的"扁方形门"。

通常，以幅频曲线的最大值为标准（一般是曲线中心频率所对应的值），定义通频带如下。

通频带：信号幅度值下降到最大值的 70% 时所对应的两个频率之间的频段。

其中，低频率点叫"下截止频率"，高频率点叫"上截止频率"。因为这两点的幅值与最大值之比为 0.7，对应的分贝值是 −3（dB），所以，截止频率也叫"3 分贝频率"，通频带也叫"3 分贝带宽"，见图 1-28。从概念上讲，通频带是指一个信道为信号传输所能提供的频带宽度。注意："分贝"原是一个衡量声压强度的单位。

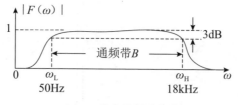

（a）一放大器频响曲线

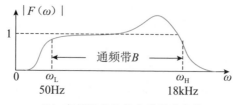

（b）高频提升的放大器频响曲线

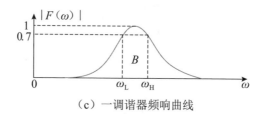

（c）一调谐器频响曲线

图 1-28　通频带实例示意图

对一般传输信道而言，人们希望通频带越宽越好（对于模拟信号来说，意味着频分复用的信号路数就越多，或者信号的保真程度就越高；对于数字信号来说，意味着波特率就越大，可以传输更多的信息），频响曲线越平越好（输出信号的一致性好）。比如高保真音响设备（主要包括音源、放大器和音箱三部分），就要求各部分的频响曲线在通频带内尽可能平，否则，在听音乐时就可能会出现特别强的笛声或特别弱的鼓声，因为某一频率的放大量比其他频率大得多或小得多。同时，还要求通频带在低频段最好低于 20Hz，在高频段最好高于 20kHz，这是因为音频的范围为 20Hz ～ 20kHz，如果音响设备的通频带达不到这个要求，人们就听不到震人心魄的低音鼓声和清脆悦耳的三角铁声。

显然，信号的高保真（Hi-Fi）传输除了要求信道通频带大于信号带宽之外，还必须要求通频带内的频响特性保持平坦，见图 1-28（a）。如果放大器的通频带变成图 1-28（b）形状，则在播放音乐时，就会感觉到高音部分特别强，即高频信号出现了失真。

生活中很多音响设备，比如汽车音响、家庭影院等都设有音调控制旋钮或均衡器。音调控制旋钮的作用就是人为地改变放大器频响特性，提升或降低音频信号中的某些频率成分（通常是高音、中音或低音部分），以满足人们的不同听觉需求；而均衡器是通过改变多段频响曲线的方式，以弥补放大器频响特性的不平坦或起到与音调控制旋钮相同的作用。

在应用中，也有要求通频带窄一点的场合，如收音机、电视机和电台等设备中的调谐电路以及一些带通滤波器为提高选择性都希望通频带尽可能地窄，如图 1-28（c）所示。

信号频谱宽度可类比汽车的车身宽度，信道通频带可类比道路宽度。显然，一条道路要想让汽车顺利通过其宽度必须大于车身宽度，否则，车辆就无法在道路上行驶；而信道通频带小于信号带宽时，虽然信号仍可在信道中传输，但已丢失了很多信息，信号在信道中是以失真的形式传输，就好像把汽车超宽部分切掉在路上跑一样。因此，一条信道要不失真地传送一个信号，必要条件就是其通频带大于信号的频谱宽度。

1.7.3 结语

（1）频谱就是信号幅度（或相位）随频率变化的关系（图）。

（2）任何一个用于通信的信号都有频谱。通常包含幅度谱和相位谱。

（3）任何一个工程信号的频谱都有一定的频率宽度，类比运输车辆的宽度。

（4）要保证信号在通信系统中不失真传输，就必须保证频谱不丢失、不受损害。

（5）在通信领域，人们还关心信号能量或功率的大小随频率的变化关系，比如随机信号和噪声，这就引出了能量谱和功率谱的概念。通常，对于能量信号用能量谱描述，而功率信号用功率谱描述，它们的概念与频谱类似。

（6）通信系统或信道的通频带是衡量通信任务完成质量或系统性能的重要指标。

1.7.4　问答

问题 1 ?

🐷**圆圆** 老师，信号的时域波形我们在示波器上见过，可信号的频谱在哪儿能看到？

🐷**皮皮** 在一种名叫频谱仪或频率分析仪的仪器上可以看到。它的长相跟普通示波器差不多，甚至有的就是二合一，见图1-29。

图 1-29　频谱分析仪

问题 2 ?

🐷**静静** 老师，通频带与道路宽度的类比我理解了，但道路平整度怎么类比呢？

🐷**皮皮** 前面说过，可以类比衰减。比如，如果道路的路面平整，车辆行驶过程就平稳快速，磨损小，货物损坏率也小；若不平整，行驶速度慢，颠簸大，磨损大，货物损坏率也大。若信道幅频特性不平坦，则不同频率分量会有不同的衰减（类似于磨损），引起信号失真（类似货物破损）。明白了吗？

🐷**静静** 明白了。

第1.8讲　如何理解香农公式

1.8.1　香农公式

在交通理论中有一个重要概念——道路通行能力，它是指一条道路某一断面上单位时间能够通过的最大车辆数，亦称道路容量，单位为"辆/小时"。注意：也可描述通过的行人数。道路交通量示意图如图 1-30 所示。

图 1-30　道路交通量示意图

类比道路容量，可定义一个衡量信道性能的指标——信道容量。

信道容量：单位时间内信道上所传输的最大信息量。可用信道最大信息传输速率表示。

一个给定连续信道的信道容量与什么因素有关呢？

大家知道，一个频带受限的模拟信号所携带的信息量与其带宽有关。比如，电话系统中话音信号的带宽约为 4kHz（类比小汽车），而电视系统中图像信号的带宽为 6MHz（类比大汽车）。可见，信号的频带越宽，意味着携带的信息量越大，传输该信号的信道带宽也要随之增大。显然，信道容量与信道通频带有直接关系。另外，在一个实际信道中，除了被传输的有用信号之外，不可避免地还混有各种噪声，而噪声也会直接影响信号传输质量。因此，信道容量受到噪声和带宽的双重制约。

1948 年美国数学家香农在论文《通信的数学理论》中提出了著名的香农公式。该公式给出了信道容量与信道带宽和白色高斯噪声或信道输出信噪比之间的关系

$$C = B \log_2(1 + \frac{S}{N}) \text{（bit/s）} \tag{1-3}$$

式中，C 为信道容量（bit/s），B 为信道带宽（Hz），S 是信号功率，N 是噪声功率。

信噪比是通信技术中一个重要的概念，其定义如下。

信噪比：信号功率与噪声功率之比，简记为 SNR。

信噪比通常取分贝值（dB），有

$$\text{SNR} = \frac{S}{N} = 10\lg \frac{P_S}{P_N} \quad (\text{dB}) \tag{1-4}$$

1.8.2 对香农公式的解释

式（1-3）可用下面的实例帮助理解。

设有一段公路（类比一个信道），用每秒通过这段公路的汽车数作为交通量（类比信息量 C），公路的宽度类比信道宽度 B，S 代表汽车数，N 表示公路上行人的数量（类比干扰信号）。显然，交通量与道路宽度成正比，路越宽，单位时间通过的车辆数越多；交通量还与路上车辆数与行人数之比有关，行人越多，占据的路面就越宽，可供车辆通行的路面也就越窄，S/N 就小，反之，S/N 变大，交通量就大。

因噪声功率 N 与信道的频带宽度有关，设单边噪声功率谱密度为 n_0 且有 $n_0 B = N$，则可得到香农公式的另一种形式

$$C = B\log_2(1 + \frac{S}{n_0 B}) \tag{1-5}$$

1.8.3 结语

（1）一个给定信道的信道容量受 B、S、n_0 三要素的约束或三要素决定信道容量。

（2）提高信噪比，可提高信道容量。

（3）一个给定信道的信道容量既可以通过增加信道带宽减少信号发射功率也可通过减少信道带宽增加信号发射功率来保证。也就是说，信道容量可通过带宽与信噪比的互换而保持不变。比如，若 $S/N=7$，$B=4\text{kHz}$，由香农公式可算出 $C=12\times10^3\text{bit/s}$；同样的 C 值，还可由 $S/N=15$ 和 $B=3\text{kHz}$ 来保证。

（4）虽然 C 与 B 成正比关系，但 $B \to \infty$ 时，C 却不能随之趋于无穷大。

带宽与信噪比互换的概念非常重要，香农公式虽未给出具体的实现方法，但却在理论上阐明了这一概念的极限情况，为后人指出了努力的方向。比如，编码、调制等技术就可在一定程度上实现带宽与信噪比的互换。

在实际应用中，具体以谁换谁要视情况而定。比如，在地面与卫星或宇宙飞船的通信中，因信噪比很低且功率十分宝贵，所以常用加大带宽来保证通信容量；而在有线载波通信中，因信道频带很紧张，这时就要考虑用提高信号功率来减少

号在时间上相互不重叠，而在频率上频谱重叠；任意时刻信道上只有一路信号，各路信号按规定的时隙轮流传送。

（3）**码分复用**（CDM）。指利用一种特殊的调制技术将多路时间和频谱都重叠的信号变为传输码型不同的信号在信道中传输的一种多路传输方式。其特征是多路信号无论在时间上还是频谱上都重叠，但它们的码型不一样。

（4）**波分复用**（WDM）。是光通信中的复用技术，其原理与频分复用类似。

可用图 1-32 来说明三种常用复用方式的异同点。图中方框 1、2、3、4 表示 4 路信号。

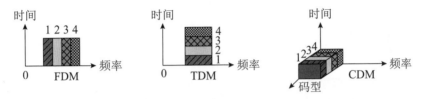

图 1-32　三种复用示意图

上述复用概念可以用交通现象类比理解，如图 1-33 所示。

（1）频分复用相当于把一条道路分为几个车道，不同的车辆（信号）可以同时在不同的车道上跑，靠车道区分不同出发地和目的地的车辆。

（2）不同出发地和目的地的车辆分时在一个车道（一条道路）顺序行驶，靠不同的时隙区分就是时分复用。

（3）不同出发地和目的地的车辆垂直叠在一起（信号是混在一起）同时在一个车道（一条道路）上运行，最后靠车型加以区分就是码分复用。

图 1-33　三种复用类比图

1.9.3　结语

（1）复用的实质是提高信道的时空利用率。

（2）信道复用是各种通信系统提高有效性的常用手段。

（3）为满足人们的需求，多种复用技术同时出现于一个通信系统的情况日益增多。

1.9.4 问答

问题 1 ?

🐱皮皮 谁能举例说明信道复用概念？

🐵圆圆 老师，我爱看电视。我觉得电视通过一根接在墙上有线电视端口的电缆就可以看很多频道节目的现象应该是信道复用的结果吧？

🐱皮皮 嗯，很好，是频分复用的实例。

问题 2 ?

🐱蛋蛋 老师，从一条传送带上分拣到不同地方的邮件算不算信道复用？

🐱皮皮 问得好！准确地说，这是标签复用，但具有一点时分复用的特征。所谓标签复用，就是在一个信道中，分时传输具有不同地址标签的数据信号。

问题 3 ?

🐱静静 老师，我觉得模拟信号传输，比如打电话，应该不能时分复用，对吗？

🐱皮皮 是的。多路模拟信号传输通常只能进行频分复用。但通过模/数转换变为数字信号后，就可以进行其他形式的复用了，比如时分复用。

问题 4 ?

🐱壮壮 老师，如果用一条多芯电缆作为信道，其中每一对芯线传输一路电话信号，这是不是信道复用？如果是，应该叫什么复用？

🐵皮皮 问得好！这是一种信道复用，通常，称之为"空分复用"。类似的实例还有卫星通过多个覆盖不同地区的天线与多个地面站进行的多路信号传输。

第 1.10 讲　什么是随机过程及为什么要研究它

"信号与系统"课程主要讨论的是 LTI 系统对确知信号的变换或处理问题，而一个通信系统虽然可认为是 LTI 系统，但其传输或处理的信号却是随机信号，无法直接利用"信号与系统"课程的系统分析方法对其进行分析研究。因此，在分析研究各种通信系统之前，大家首先要了解随机信号与随机过程。

1.10.1　什么是随机信号

随机信号的参照物是确知信号。

为了更好地理解随机信号，可以先给出确知信号的定义。

确知信号：变化规律已知或取值大小可预知的信号。

确知信号虽然不能直接用于通信，但可以作为随机信号的参照物或分析基础出现。

基于确知信号的概念，可以给出随机信号的定义。

随机信号：变化没有规律或取值大小无法预知的信号。

其特征是不能用一个确定的数学表达式加以描述，如话筒送出的音频信号、摄像机输出的视频信号等。随机信号实例见图 1-34。

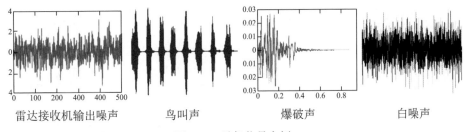

雷达接收机输出噪声　　鸟叫声　　爆破声　　白噪声

图 1-34　随机信号实例

对于通信系统而言，由信源发出的信号相对于信宿必须要有一定的不确定性或随机性，即信号要携带一定的信息量。因此，在通信系统中传输的信号都是随机信号。另外，通信系统的噪声大小、信道特性的起伏也都是随时间做随机变化的。这样，人们把随机信号和噪声就都纳入一个特殊的时间过程——随机过程中加以分析研究。

一个随机信号一旦产生，就变成确知信号了，其随机性只体现在产生的过程中。比如，一个演讲者演讲时，听众并不知道他下一秒要讲什么，其声波的变化就是随机的。但当他演讲完毕，其演讲的全部声波信号就是确定的了。再比如，一个射击运动员准备射击，你不知道他能打几环，他每次打靶的结果事先都是未知的，因此，他能打几环就是个随机事件，但当他射击完毕，结果已知，随机事件就变成确知事件。

1.10.2　什么是随机变量

用不同取值表达一个随机试验中不同结果的变量被称为随机变量。比如在掷硬币试验中，假设出现正面用变量 X 的取值 1 表示，出现背面用取值 0 表示，显然，X 取 1 或 0 是随机的，因此，X 就是一个随机变量。若随机变量的取值个数有限，就被称为离散随机变量；若可能的取值充满一个有限区间或无限区间，则该变量就是连续随机变量。

1.10.3　什么是随机过程

因为通信系统传输的信号都是随机的，所以，无法对它们进行分析研究。但幸运的是，人们研究发现，很多信号源单看一次发出的信号是随机的，但 n 次发出 n 个信号的变化过程却是有规律的。比如，一个运动员每一次打靶的成绩事先都是未知的，但通过搜集他几万次或几十万次的以往成绩，发现打 9 环的次数比较多，大概占总次数的 85%，平均误差为 2 环。因此，根据这些统计（数据）规律，可以预测他每次打 9 环的可能性较大。

如果把一次随机信号的产生或一个随机事件的发生称作一个样本（即确知信号或事件）的话，那么，就可把一个信号源多次产生的样本或多个同类信号源在同一时间产生的信号样本集合称为"随机过程"。这样，就有以下结论：

（1）一个随机信号指的是一个变量随时间做无规律变化的过程。比如，扬声器发出声波信号的过程。

（2）一次变量随机变化过程（随机信号产生过程）的结束，意味着一个样本（确知信号）的产生。

（3）一个随机过程（注意：是一个专用名词，有特定的含义，不是一个随机变化过程）是多个样本的集合。即一个信号源在不同时段输出的样本集合或若干信号源在同一时段输出的样本集合。因此，一个随机过程可以来自一个信源的多次输出，也可以来自多个同类信源的一次输出。

（4）随机信号以个体形式出现，而随机过程以群体形式存在。

随机信号与随机过程类比图见图 1-35。

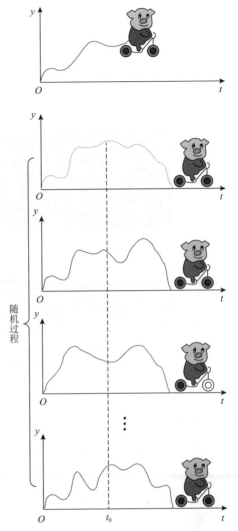

图 1-35 随机信号与随机过程类比图

1.10.4 如何理解随机过程

随机过程的概念可从以下两方面加以理解。

（1）随机过程是若干对应不同随机试验结果的时间过程的集合。例如：设有 n 台性能和工作条件都完全相同的接收机同时工作并用 n 台示波器同时观测并记录这些接收机的输出噪声波形（或对一台接收机，在 n 个不同时段进行观测记录）。测试结果表明，尽管设备和测试条件相同，但是所记录的 n 条随时间变化的波形曲线却形态各异（如图 1-36（a）中的 $x_1(t)$，$\cdots$，$x_n(t)$），这说明每台接收机

输出的噪声电压随时间的变化规律都是不可预知的，是随机噪声（信号）。但是，测试结果的每一个记录（图1-36（a）中的每一个波形曲线）都是一个确定的时间函数 $x_i(t)$，被称为样本函数或随机过程的一次实现。全部样本函数构成的总体 $\{x_1(t), x_2(t), \cdots, x_n(t)\}$ 就是一个随机过程，见图1-36（b）。

简言之，一个随机过程是所有样本函数的集合，记作 $\xi(t)$。

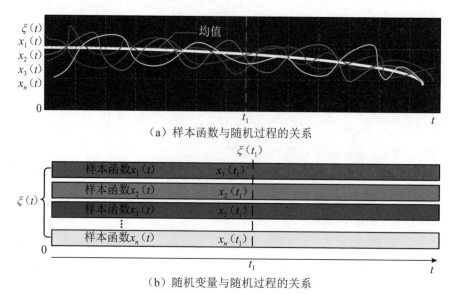

（a）样本函数与随机过程的关系

（b）随机变量与随机过程的关系

图1-36 样本函数、随机变量与随机过程的关系

（2）随机过程是随机变量概念的延伸，即随机过程是依赖参量 t 的随机变量 $\xi(t)$。因为在任一给定时刻 t_1 上，每个样本函数 $x_i(t)$ 都有一个确定数值 $x_i(t_1)$，但由于每个样本 $x_i(t)$ 的出现及变化都是不可预知的（这正是随机过程随机性的体现），所以，全体样本 $\xi(t)$（即随机过程）在 t_1 时刻（任意时刻）的取值 $\{x_i(t_1), i=1,2,\cdots,n\}$ 就是一个随机变量，记为 $\xi(t_1)$。因此，**随机过程还可看作是一组在时间进程中处于不同时刻的随机变量的集合。**

上述两个随机过程概念在本质上是一样的，但后一种可把分析随机过程的问题转化为分析随机变量问题，因而更便于理论分析。

1.10.5　什么是随机过程的数字特征

工程实践中，人们常用数字特征描述随机过程的主要特性。对于通信系统而言，这样做不仅可以满足其研究需求而且也便于计算和测量。

随机过程的数字特征是由随机变量的数字特征推广得到的，最常用的是均值、方差和相关函数。注：相关函数的问题这里不讨论。

（1）**均值（数学期望）**。随机过程 $\xi(t)$ 的均值或数学期望被定义为

$$E\big[\xi(t)\big]=\int_{-\infty}^{\infty}xf_1(x,t)\mathrm{d}x \tag{1-6}$$

显然，$\xi(t)$ 的均值 $E\big[\xi(t)\big]$ 是时间的确定函数，常记作 $a(t)$，表示随机过程的 n 个样本函数曲线的摆动中心（如图 1-36（a）中白粗线所示）。

（2）**方差**。随机过程的方差被定义为

$$D[\xi(t)]=E\big\{[\xi(t)-a(t)]^2\big\} \tag{1-7}$$

$D[\xi(t)]$ 常记为 $\sigma^2(t)$。这里也把任一时刻 t_1 直接写成了 t。方差等于均方值与均值平方之差，表示随机过程在时刻 t 对于均值 $a(t)$ 的偏离程度。

数学期望表示一个随机过程中所有样本的趋向值，而方差则表示所有样本的值与趋向值的误差大小。比如在射击中，把 8 环定为 n 次射击的趋向值，可类比为数学期望；而 n 次射击的结果与趋向值的平均误差（如 2 环），可比喻为方差。

利用数字特征分析通信系统中的随机过程是对随机过程研究方法的简化，也是在科学研究中经常用到的一种避繁就简思路的具体体现。

1.10.6 结语

（1）若 t 和 ζ 均为变量时，$\xi(t)$ 是一个时间函数簇。

（2）若 t 为变量，ζ 不变时，$\xi(t)$ 是一个确定的时间函数。

（3）若 t 不变，ζ 为变量时，$\xi(t)$ 是一个随机变量。

（4）若 t 和 ζ 均不变时，$\xi(t)$ 是一个确定值。

（5）在研究随机过程时，必须透过表面的偶然性找出其内在的必然性规律，并以统计理论描述这些规律。也就是说，随机过程是从偶然性中寻找必然性的一种数学方法。

因随机过程是一个随机变量簇，故其统计特性可用分布函数或概率密度函数描述。

（6）对随机过程的分析可在时域和频域进行。

在时域，主要以均值和方差为分析抓手；在频域，主要以能量谱和功率谱为分析内容。

1.10.7 问答

皮皮 圆圆，请给出这节课的内容总结。

圆圆 今天主要讲了以下几点。

（1）通常，通信系统传输的是随机信号，通信系统中的噪声（干扰）也是随机信号。

（2）为了设计通信系统或分析通信系统性能（比如，信噪比），必须研究随机信号。

（3）随机信号因其变化无规律而无法研究，所以，人们找到了其替身——随机过程。

（4）随机过程具有统计规律，如数学期望、方差等，因此可在理论上进行分析研究。

皮皮 嗯嗯，"替身"一词用得好。挺全面！

问题 2 ?

圆圆 老师，我觉得人的一生可以比喻为随机信号，因为我们无法预知明天会发生什么，但多数人的人生轨迹就构成随机过程。我们可以通过对大量人生轨迹（样本）的分析研究，得出一些规律性的东西，以帮助或指导每个人走好自己的人生之路，您说对吗？

皮皮 嗯，有点意思。大家可以再仔细思考一下这个比喻。

问题 3 ?

皮皮 蛋蛋，结合"信号与系统"知识，说说人们主要研究信号和随机过程的什么内容？

🥚蛋蛋 对信号而言，主要研究其时域和频域特性。具体地说，就是信号大小随时间的变化规律和信号大小及相位与频率的变化关系。简言之，就是研究信号波形及频谱。

对随机过程而言，应该也是其时域和频域特性。具体地说，就是随机过程的分布函数或数字特征随时间的变化规律以及随机过程功率谱密度与频率的变化关系。简言之，就是研究随机过程的数字特征和功率谱密度。

🐵皮皮 嗯，不错，下课！

第 1.11 讲 如何研究随机过程

1.11.1 各态历经性

前面讲过，为了设计通信系统并分析其性能，必须研究随机过程，即要研究一簇随机变量或一组样本函数的集合。但在实践中，要获得一簇随机变量或一组样本函数却并非易事。因此，人们试图用一个样本函数取代一组样本函数来决定随机过程的数字特征，从而简化随机过程的研究方法。幸运的是，"各态历经性"也称"遍历性"满足了人们的愿望。

各态历经性：是指随机过程中的任何一次实现都经历了随机过程的所有可能状态。

因此，在求解随机过程的统计平均值（均值或自相关函数等）时，无须作多次考察，只需用一次实现的时间平均值代替过程的统计平均值即可，从而使测量和计算过程大为简化。

各态历经性的重要意义在于：在分析一个处理随机过程的系统时，只需要找到系统在一种状态下（一个样本下）的解，就可以了解全部状态下（随机过程下）的系统活动特性，从而大大降低系统分析的复杂程度。

各态历经性虽好，但不是所有的随机过程都具备该特性。通过研究，人们发现一种叫作"平稳随机过程"的随机过程在一定条件下会具有各态历经性，而通信系统中的信号和噪声均可认为是这样的平稳随机过程。因此，对随机过程的研究可以聚焦到平稳随机过程上来。

1.11.2 平稳随机过程

随机过程可分为平稳和非平稳两大类。

平稳随机过程：在时间进程中，统计特性不变或变化极小的随机过程。

平稳随机过程意味着随机过程 $\xi(t)$ 和 $\xi(t+\Delta t)$ 具有相同的统计特性。

非平稳随机过程：在时间进程中，统计特性随时间变化的随机过程。

平稳特性意味着不管什么时候去研究一个通信系统的噪声，噪声的统计特性都是一样的，虽然，噪声的样本千变万化。平稳随机过程的一个特性是，若线性系统的输入随机过程是平稳的，则输出随机过程也是平稳的。

结合"信号与系统"内容可知，随机过程的平稳特性与系统的时不变性在概念上类似。但对象不同，平稳特性是随机过程（信号）特性，而时不变特性是系统特性。

1.11.3　窄带随机过程

根据功率谱函数所占频带宽度的不同，随机过程可分为宽带和窄带随机过程两种。若随机过程 $\xi(t)$ 的谱密度集中在中心频率 f_c 附近相对较窄的通频带范围 Δf 内，即满足 $\Delta f \ll f_c$ 条件，且 f_c 远离零频率点，则称该 $\xi(t)$ 为窄带随机过程。因实际通信系统多为窄带带通型，故通过窄带系统的信号或噪声必然是窄带随机过程。

1.11.4　高斯随机过程

平稳随机过程是根据分布函数时间起点特性的不同而归纳出的一类随机过程。而根据分布函数"长相"的不同，还可定义另一类随机过程——高斯随机过程。因实际中的噪声大多是高斯型的，故高斯或正态随机过程就是本课程研究的一个重点，其定义如下。

高斯随机过程：任意 n 维分布函数均服从正态分布的随机过程 $\xi(t)$。

从通信角度看，高斯随机过程具有一个重要特点：高斯过程经过线性变换后仍是高斯过程。或者说，若线性系统的输入为高斯过程，则系统的输出也是高斯过程，见图 1-37。

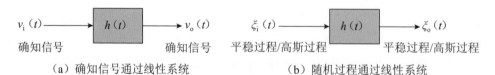

（a）确知信号通过线性系统　　　　　（b）随机过程通过线性系统

图 1-37　确知信号和随机过程通过线性系统

（1）平稳随机过程与非平稳随机过程的主要区别是平稳随机过程的分布函数的"长相"与其时间起点无关。就好像一个豹妈不管是今天、明天还是后天生孩子，孩子的长相都一样。

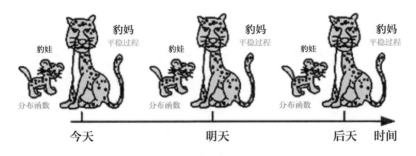

（2）高斯随机过程的主要特点是分布函数长相相同，都是正态分布曲线。非高斯随机过程的主要特点是分布函数的长相各异，如豹娃娃、虎娃娃和狮娃娃的长相都不同。

（3）高斯随机过程可以是平稳的也可以是不平稳的。通信中的高斯噪声是平稳的。

1.11.5 白噪声

根据谱密度的长相不同（频带是否受限），噪声可分为白噪声和带限噪声两种。白噪声 $n(t)$ 是指其功率谱密度 $p_n(f)$ 在所有频率上（频带不受限）为一常数的噪声。频带受限的噪声就是带限噪声。带限噪声可分为低通白噪声和带通白噪声（多为窄带噪声）两种。另外，人们还常见到高斯白噪声，频域中的功率谱为一常数，时域中的分布函数服从正态分布的噪声就是高斯白噪声。图 1-38 给出了三种噪声的示意图。

1.11.6 结语

（1）研究随机过程可通过遍历性转换为研究平稳随机过程。

（2）"白不白"由噪声（随机过程）频域特性的长相（功率谱）决定；"高不高"由噪声（随机过程）的时域特性的长相（分布函数）决定；"稳不稳"由噪声（随机过程）与时间起点的关系决定。

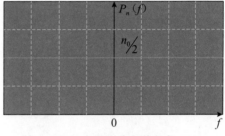

（a）白噪声功率谱密度

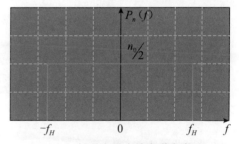

（b）低通白噪声功率谱密度

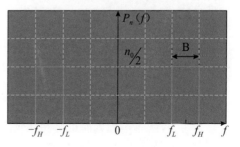

（c）带通白噪声功率谱密度

图 1-38　三种噪声功率谱

（3）平稳、高斯、白色都是根据不同标准对随机过程的分类，彼此之间没有包含关系，但可以兼备，即它们可以单独存在，也可以组合存在。

（4）在通信系统中，主要研究平稳、高斯、白色和窄带噪声（随机过程）。

（5）对于信号或噪声随机过程，主要研究其数字特征和功率谱。研究结果体现在信噪比、谱带宽和谱成分三个指标上。

（6）通信系统分析与随机过程分析关系图见图1-39。

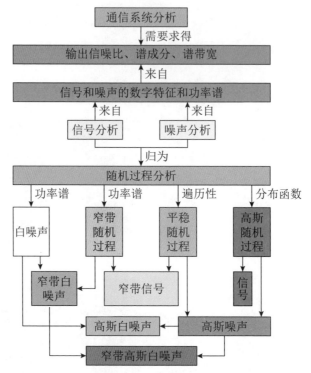

图1-39　通信系统分析与随机过程分析关系示意图

1.11.7　问答

🗨皮皮 圆圆，你总结一下描述噪声或随机过程的方法？

🗨圆圆 嗯，我觉得可以从三个维度用三个特性描述。三个维度是：频域、时域和时不变性。三个特性是"白不白""高不高""稳不稳"。

🗨皮皮 那么能否给出简单的判断方法呢？

圆圆 嗯，我用个口诀试试："白不白，千频一线就是白；高不高，分布如山就是高；稳不稳，隔天不变就是稳"。对吗？老师！

皮皮 很好，挺准确。

问题 2 ❓

静静 老师，从图 1-39 看，白噪声的特性就是功率谱（谱密度）是一条贯穿所有频率的直线，类似于白色光的光谱。可窄带意味着部分频率，而不是所有频率，那么，窄带白噪声应该不算白噪声吧？

皮皮 嗯，是这样。其实，严格地讲，窄带白噪声不是白噪声，而是在部分频率上借用贯穿和直线概念，描述低通和带通噪声。

问题 3 ❓

皮皮 壮壮，你把这节课的内容顺一遍。

壮壮 今天的内容如下。

（1）因为随机信号和噪声的变化特性不可知，所以，人们要研究随机过程。

（2）因为随机过程是一簇随机变量或一组样本函数的集合，所以，在实践中，既不便于测量获取，也不便于理论分析和计算。

（3）人们发现如果一个随机过程具有遍历性，则可以简化研究过程。而具有这种特性的平稳随机过程就进入了人们的"法眼"。

（4）通信系统中的信号和噪声都可认为是平稳随机过程。

（5）人们发现通信系统中的噪声在时域上满足正态分布，因此，把这种噪声称为高斯噪声。高斯噪声是平稳的，具有遍历性。

（6）为便于分析，人们根据白光概念提出了白噪声，进而有了高斯白噪声。

（7）因为任何一个通信系统都是频带受限的，即通频带不是无穷大。所以，通过通信系统的噪声都是窄带噪声，进而出现了窄带白噪声概念。

（8）对通信系统的分析主要集中在计算信号和噪声（随机过程）的数字特征、功率比（信噪比）、功率谱的带宽和组成成分（有无直流分量）以及系统的通频带几方面。这里的噪声主要指窄带高斯白噪声。

皮皮 壮壮用心了，很好！看把你高兴的。

第 1.12 讲　通信系统性能的评价指标是什么

1.12.1　基本概念

因为通信系统的构成多种多样，性能千差万别，所以，如何评价系统性能的优劣就是设计和选用一个通信系统所面临的首要问题。为此，人们需要找出能够反映通信系统性能的各种技术指标，然而，研究通信系统性能指标又是一个非常复杂的问题。因为涉及的内容很多，包括通信的有效性、可靠性、标准性、快速性、方便性、经济性以及使用维护等诸多方面，另外，很多性能之间是有矛盾的，此消彼长，如果把所有因素都考虑进去，面面俱到，不但系统的设计及实现难以完成，对系统的评价也无法开展。所以，在评价通信系统时，就要从诸多矛盾中找出具有代表性、起主要作用的主要矛盾作为评价标准。

因为在设计和使用通信系统时，通信的有效性和可靠性常常是人们着重考虑的问题，所以，就把它们作为评价通信系统性能的主要指标。有效性反映信息传输的速率大小，而可靠性则代表信息传输的质量（准确程度）高低。信息传输得越快，出错的概率就越大，因此，速率与质量是一对矛盾，就如同汽车运输一样，速度越快，运送的货物越多，效率也就越高，但也越容易出事故，可靠性也就越差。在实际工程中，可在一定的可靠性要求前提下，尽量提高信息传输速率；也可保持一定的有效性，而设法提高信息的准确性。从香农公式中可以看到二者能够在一定的条件下互相转换。

有效性和可靠性是根据对通信质量的要求而定义出的客观标准，但它们是抽象的，既没有可操作性也很难量化。因此，必须在通信系统中找到具体的、可以操作且能够反映有效性和可靠性的参数或指标。

1.12.2　模拟通信系统的性能指标

对于模拟通信系统，有效性用系统的传输频带宽度来衡量，而可靠性则常用系统最终输出的信噪比来评价。

系统的传输带宽（广义信道带宽）主要取决于两方面：一是传输介质，二是对信号的处理方式。通常，传输介质的带宽都比较大，完全能够满足传输要求，因此，系统的带宽主要由对信号的处理方法决定。而系统输出信噪比不但与信号的处理方式有关，还与系统的抗干扰措施或技术有关。

为便于理解，可把系统带宽比喻为道路的路面宽度。路面宽度越宽，允许同时通过的车辆也就越多，有效性就越高。若把车辆的宽度（信号的频谱宽度）加大，则路面宽度（系统带宽）也必须随之加大。信噪比可以类比到达目的地汽车数与自行车数的比值。该比值越大，说明道路的通行状况越好，外界的干扰越小。类比图见图1-40。

图 1-40 通信系统有效性类比图

1.12.3 数字通信系统的性能指标

为了评价数字通信系统，需要了解如下概念。

（1）**码元。表示 M 进制数字信号每一个状态的电脉冲被称为码元。**

理论研究中，因为用于通信的数字信号需要被由若干符号或元素构成的数据序列 $\{a_i\}$ 编码，则码元也可认为是构成数据序列的一个基本符号或元素。

每个码元只能被赋予有限个取值。在 M 进制中，任何一个码元 a_i 只能取 0，1，2，…，$M-1$ 中的一个值。当一个数据序列被赋予信息后（编码后），就可称为 M 进制信息码，或 M 进制数据码。可见，码元也是承载信息的基本（最小）单位。

码元与数字信号的关系可以类比车厢与火车。在这个概念下，数字信号可以理解为由一系列码元构成的时间序列。通常，数字通信系统传输的是表示 0、1 的码元序列（数据序列），即二进制数字信号。类比图见图1-41。

图 1-41 数字信号类比图

（2）**码元传输速率 R_B。通信系统单位时间传输的码元个数被称为"码元传**

输速率"，用 R_B 表示，单位为波特（baud），故也称为"波特率"。波特率可类比汽车站单位时间内发出的车辆数。比如一个系统 1s 传送了 1200 个二进制码元，其波特率就是 1200 baud。再比如，若图 1-42（a）中信号的一个码元持续时间 $T_\text{B} = 2\,\text{ms}$，即该信号以 T_B 为重复间隔，则其码元速率为

$$R_\text{B} = \frac{1}{T_\text{B}} = \frac{1}{2 \times 10^{-3}} = 500\,\text{baud} \tag{1-8}$$

单位"波特"是以法国工程师琼·莫里斯·埃米尔·波特（1845—1903）的名字命名的。

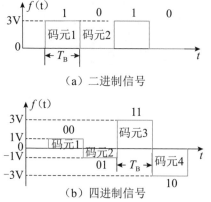

（a）二进制信号

（b）四进制信号

图 1-42　二／四进制信号示意图

（3）**信息传输速率** R_b。波特率仅仅反映系统传输数字信号快慢的能力，人们还不知其传输信息量的多少，就好像只知道一条路一小时能过多少辆车，而不知道运送了多少吨货物或多少名乘客一样。因此，人们又定义了一个物理量——信息传输速率。

通信系统单位时间传输的信息量被称为"信息传输速率"，用 R_b 表示，单位是比特／秒（bit/s），因此也称为"比特率"。比特率可类比汽车站单位时间内发出的货物吨数。

通常，对于 0、1 等概出现的二进制数字信号，规定一个码元携带 1 比特（1bit）的信息量，则二进制数字信号的码元速率和信息速率在数值上相等。

（4）**频带利用率**。任何一个通信系统都需要一定的传输带宽进行信号传输，而数字系统的传输带宽直接制约着传输速率。为了表示在一定的传输带宽下数字通信系统的信息传输能力，即有效性，人们又定义了一个物理量——频带利用率。

频带利用率：系统信息传输速率 R_b 或码元传输速率 R_B 与系统传输带宽 B 的比值，用 η_b 和 η_B 表示，单位是 b/(s·Hz) 或 B/Hz。

$$\eta_\text{b} = \frac{R_\text{b}}{B} \tag{1-9}$$

$$\eta_\text{B} = \frac{R_\text{B}}{B} \tag{1-10}$$

（5）**有效性的衡量**。显然，对于数字通信系统，在不考虑系统占用频带资源多少的前提下，波特率或比特率的大小可以反映系统的有效性。但因为频带资源有限，常常需要以尽可能小的频带资源浪费，传输尽可能多的信息量，所以，频带利用率也就成为衡量系统有效性的另一个重要指标。

为了提高有效性，在技术和成本允许的情况下，数字通信系统也常采用多进制（M 进制）数字信号（通常 M 取 2 的各次幂，比如 4、8、16 等）进行传输。M 进制数字信号可以理解为由 M 种不同码元构成的时间序列。

多进制信号的每一种码元都可用多位二进制码表示（编码），比如四进制信号的 4 种码元都可用 2 位二进制码表示，见图 1-42（b）；八进制码元的每个状态可用 3 位二进制码表示。因为一个二进制码元携带 1bit 信息量，所以，一个四进制或一个八进制信号码元就包含 2bit 或 3bit 信息量。可见，传输多进制信号的好处是可在波特率不变的情况下提高比特率。比如，波特率为 1200baud 的通信系统传输四进制信号时，其信息传输速率就为 2400bit/s，比二进制信号提高了一倍。由此得到波特率 R_B、比特率 R_b 与数制 M 三者之间的关系。

$$R_b = R_B \log_2 M \quad (bit/s) \tag{1-11}$$

如果用一辆只坐一个人的小车对应一个二进制码元的话，那么，一个能坐 2 个人的大车就像一个四进制码元。显然，在单位时间通过车辆数相同的前提下，大车运送的乘客是小车的 2 倍。利用多进制信号传输信息的目的，就如同寻求用更大的车载客一样。

二进制码元　　　　四进制码元　　　　八进制码元

（6）**可靠性的衡量**。数字通信系统的可靠性用差错率表示。差错率包括两个内容：误码率和误信率，其概念类似于交通事件中的车辆损失率和货物损失率（人员伤亡率）。

误码率指错误接收的码元数在传输的总码元数中所占的比例，或者说是码元在传输中被传错的概率，用式（1-12）表示。

$$误码率 P_e = 错误的码元数 N_e / 传输的总码元数 N \tag{1-12}$$

误信率也称为误比特率，它是指接收错误的信息量在传输总信息量中所占的比例，即信息量在传输中被丢失的概率，用式（1-13）表示。

$$误信率 P_b = 错误的比特数 I_e / 传输的总比特数 I \tag{1-13}$$

注意：对于二进制系统，有 $P_e = P_b$；对于多进制系统，有 $P_e < P_b$。显然，误码量可类比车辆损坏的数量，误信量可类比货物破损的吨数。

| 误码量=2 | 误信量=2 | 误码量=2 | 误信量=4 |

1.12.4 结语

（1）数字通信系统用传输速率和频带利用率衡量其有效性，用差错率衡量其可靠性。

（2）"通信原理"课程对模拟通信系统的定量分析内容，主要是计算系统的输出信噪比和通频带；对数字通信系统则是计算系统的误码率/误信率和波特率/比特率。

（3）因为被系统传输（处理）的信号和系统内外部的噪声都是随机信号，它们的特性需要用随机过程描述，所以，随机过程的分析方法是计算信噪比和误码率的主要理论工具。

1.12.5 问答

皮皮 谁能对码元的概念作一个总结？

蛋蛋 老师，我觉得可以从三方面理解码元。

（1）码元是一个脉冲波形，这是它的物理存在形式。比如：矩形、三角形、钟形。

（2）码元是一个数据符号，这是它的理论研究形式。比如：1、0。

（3）码元是一个信息最小载体，这是它的存在价值。比如：1→开灯，0→关灯。

皮皮 嗯，不错！挺准确。

皮皮 衡量一个数字/数据传输系统的传输能力（有效性）用波特率或比特率为标准是很自然的事情。但是在计算机网络中，人们却常用"带宽"这个术语来衡量网络的信息传输能力。比如,人们常常不说"高速网"而说"宽带网",为什么呀?

静静 我看过的一本书上好像说主要原因恐怕就是人们习惯于模拟通信中的"带宽"概念,而它又可间接表示信道或系统传输数字信号的能力。同时,书上还说,需要注意的是,尽管在计算机网络中使用"宽带网"或"窄带网"表示信息传输能力,但它们言下之意的单位却不是赫兹(Hz)而是比特/秒(bit/s)。

皮皮 对,是有这本书,我写的,哈哈……

问题 3 ？

壮壮 老师,为什么信号频率越高,携带的信息量就越大呢?

皮皮 频率越高,单位时间内的码元个数就越多,携带的信息量就越大。我们用图 1-43 说明这个问题,懂了吗?

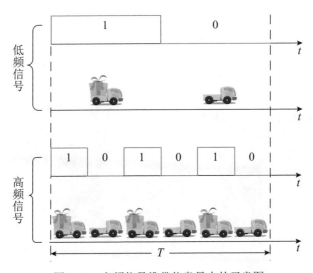

图 1-43　高频信号携带信息量大的示意图

壮壮 懂了,老师。

第 1.13 讲 "通信原理"课程的主要内容是什么

前面讲过,"通信原理"课程的主要内容可用十个字概括,即调制、解调、编码、译码、同步。围绕着"十字"主线,课程的主要内容见图 1-44。

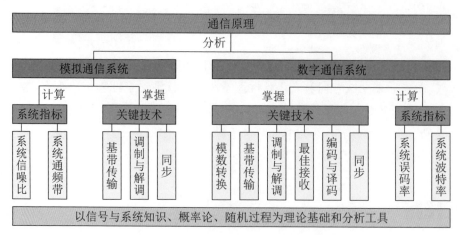

图1-44 通信原理课程主要内容示意图

随着计算机技术、网络技术及微电子技术的飞速发展，单纯的模拟和数字通信应用已经很少见到了，而基于计算机网络的数据通信技术已经成为当前通信领域的霸主。依我管见，上述经典通信原理的"十字"内容恐怕要再加上"协议"二字，才能完整地代表当前通信技术的全部主干知识。这样，新时期的通信原理课程内容用"调制、解调、编码、译码、同步、协议"十二字表述才更为准确和全面。

为此，我们专门在第4章介绍数据通信知识，以期大家可以通过本书的学习全面了解或掌握当前主流通信技术及相关理论基础知识。

第 2 章
调制和解调

第 2.1 讲　什么是调制

调制是通信原理中一个重要概念，也是一种信号处理技术，无论在模拟、数字还是数据通信系统中都扮演着重要角色。那么，为什么要对信号进行调制？什么是调制？如何实施调制呢？

2.1.1　调制的概念

在传播人声时，可以用话筒把人声变成电信号，通过扩音机放大后再用扬声器播放出去。因为扬声器的音量比人嗓音量大得多，所以声音可以传得比较远。但如果还想将声音传得更远一些，那该怎么办？大家自然会想到用电缆或无线电波进行传输。可这样又会引出两个问题，一是铺设一条几百甚至上千公里的电缆只传一路语音信号，其传输成本之高、线路利用率之低，是人们无法接受的；二是利用无线电通信时，需满足一个基本条件：

欲发射信号的波长必须能与发射天线的几何尺寸可比拟，该信号才能通过天线有效地发射出去（通常认为天线尺寸应大于波长的十分之一）。

而音频信号的频率范围是 20Hz ～ 20kHz，最短的波长为

$$\lambda = c / f = 3\times10^8 / 20\times10^3 = 1.5\times10^4 (\text{m})$$

式中，λ 是波长（m）；c 是电磁波速度（光速）（3×10^8 m/s）；f 是音频（Hz）。可见，要将音频信号直接用天线发射出去，其天线净几何尺寸即便按波长的 1% 取值，也要 150m 高。因此，要想把音频信号通过可接受的天线尺寸发射出去，就要设法提高发射信号的频率。

第一个问题的解决方法之一是在一个物理信道中对多路信号进行频分复用，从而提高信道利用率；第二个问题的解决方法是把欲发射的低频信号搬到高频载波上去，即把低频信号变成高频信号。两个方法有一个共同需求——对信号进行调制处理。因此，其定义如下。

调制：让载波的某个参量（或几个）随调制信号的变化而变化的过程或方法。

也可以说，调制是用一个低频信号对一个高频周期信号某个参量进行控制的

过程或方法。

调制信号指欲传递的原始信号或基带信号，比如声音或图像信号。载波是一种用来搭载调制信号的高频周期信号，其本身没有任何有用信息，比如模拟信号形式的正 / 余弦波或数字信号形式的脉冲串。

根据通信技术的现状，被控参量可以是模拟或数字载波的幅度、频率、相位、脉宽、脉位等，从而形成幅度调制、频率调制、相位调制、脉宽调制、脉位调制等技术。

生活中，人们要把一件货物（人）运到几千公里外的地方，就必须使用运载工具，或汽车或火车或飞机。在这里，货物（人）相当于调制信号，运载工具相当于载波。把货物（人）装到运载工具上相当于调制，从运载工具上卸下货物（人）就是解调。

2.1.2　如何调幅

幅度调制方法（简称调幅）有多种，这里只简单讲讲常见的双边带（Double Side Band，DSB）调制和 AM 调制。

设调制信号或原始信号，比如音频信号为 $f(t)$，载波为正弦信号 $c(t) = \cos \omega_c t$。需要说明的是，在通信领域，常常把正弦波形和余弦波形统称为“正弦信号”。

1. DSB 调制

抑制载波的双边带调幅技术的定义如下。

DSB 调制：将调制信号与载波直接相乘的过程或方法。

DSB 调制过程如图 2-1 所示。

DSB 已调信号通常记为 $s_{DSB}(t)$，其特征是频谱包含上、下两个边带且无冲激分量（载波分量），这也是其名称的由来，其表达式为

$$s_{DSB}(t) = f(t) \cos \omega_c t \qquad (2-1)$$

DSB 调制过程如图 2-1 所示。可见，在 DSB 调制中，已调信号的幅值虽然随调制信号的变化而变化，但其时域波形与调制信号并不一样，即已调信号的波形在幅值的形状上（包络上）部分地与调制信号相同。具体地说，就是已调信号的包络只与调制信号正值部分成正比关系。那么能不能想办法让已调信号在包络上完全与调制信号成正比呢？回答是肯定的。

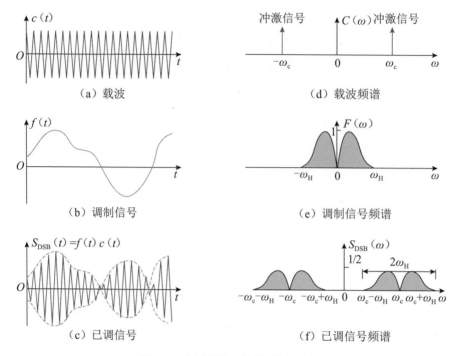

图 2-1 抑制载波双边带调幅示意图

2. AM 调制

从图 2-1 可知，若调制信号没有负值，则已调信号的包络就完全与调制信号的幅值变化成正比。那么，如何使具有负值的调制信号变为没有负值呢？方法很简单，给调制信号加上一个大于或等于其最小负值绝对值的常数即可。这就引出了常规双边带调幅技术，简记为 AM（Amplitude Modulation），其定义如下。

AM 调制：给调制信号加一个直流分量再与载波相乘的过程或方法。

AM 已调信号通常记为 $s_{AM}(t)$，其频谱包含上、下两个边带且有冲激分量，表达式为

$$s_{AM}(t) = [A + f(t)]\cos\omega_c t \qquad (2-2)$$

从波形上看，AM 调制就是将调制信号向上移一个 A 值，而 A 值不能小于调制信号的负最大值。将上移后的信号再与载波相乘，即可得到包络与调制信号幅值变化成正比的已调信号，具体过程见图 2-2。

从图 2-1 和图 2-2 中可见，已调信号的振幅是随低频信号 $f(t)$ 的变化而变化的，也就是说，将调制信号"放"到了载波的振幅参量上，"调幅"之名由此而来。从频域上看，已调信号的频谱与 $f(t)$ 的频谱相比，幅值减半，形状不变，相当于将 $f(t)$ 的频谱搬移到 ω_c 处。

显然，通过调幅处理，可将多路调制信号分别调制到不同频率的载波上进行传输，只要它们的频谱在频域上不重叠，在收信端就能够分别提取出来，实现频分复用。同样，也可将一低频信号调制到一个高频载波上，完成从"低"到"高"的频率变换，从而可以通过尺寸合适的天线将信号发射到空间信道。

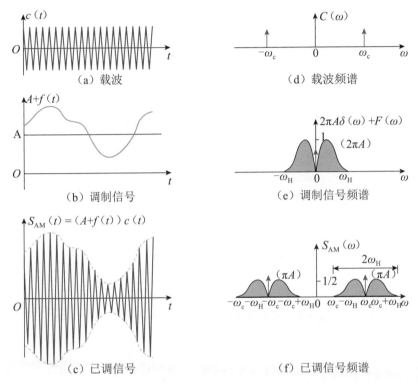

（a）载波　　　　　　　　　　　　（d）载波频谱

（b）调制信号　　　　　　　　　　（e）调制信号频谱

（c）已调信号　　　　　　　　　　（f）已调信号频谱

图 2-2　常规双边带调幅（AM）示意图

通常，载波频率比调制信号的最高频率分量要高很多，比如收音机中波频段的最低频率（载波频率）为 535kHz，是音频信号最高频率 20kHz 的近 27 倍。

调制过程可与交通中的乘车或登机过程类比。

2.1.3 调制的分类

根据不同的标准，调制技术有多种分类，见表 2-1。

表 2-1 常用调制技术及其用途

调 制 方 式			主 要 用 途
连续波调制	线性模拟调制	常规双边带调制 AM	广播
		双边带调制 DSB	立体声广播
		单边带调制 SSB	载波通信、短波无线电话通信
		残留边带调制 VSB	电视广播、传真
	非线性模拟调制	频率调制 FM	微波中继、卫星通信、立体声广播
		相位调制 PM	中间调制方式
	数字调制	幅度键控 ASK	数据传输
		频移键控 FSK	
		相移键控 PSK、DPSK	
		其他高效数字调制 QAM、MSK	数字微波、空间通信
脉冲调制	脉冲模拟调制	脉幅调制 PAM	中间调制方式、遥测
		脉宽调制 PDM	中间调制方式
		脉位调制 PPM	遥测、光纤传输
	脉冲数字调制	脉码调制 PCM	市话中继线、卫星、空间通信
		增量调制 DM(ΔM)	军用、民用数字电话
		差分脉码调制 DPCM	电视电话、图像编码
		其他编码方式 ADPCM	中继数字电话

在实际工程应用中，还可将几种调制技术结合起来使用，形成复合调制方式，比如多进制数字调制中的调幅调相法（也就是调制定义中将信号调制在载波的几个参量上）。

2.1.4 结语

（1）调制技术的本质是用低频信号控制高频信号某个参量的变化。
（2）调制的主要目的是提高通信距离和信道容量。

2.1.5 问答

🐢圆圆 老师，调制技术除了可以把低频信号变为高频信号外，还能干什么？
🐢皮皮 概括地说，调制技术有三大功能。

（1）**频率变换**。把低频信号变换成高频信号以利于无线发送或在某些有线信道中传输。比如高频对称电缆要求传输信号的频率为 12 ~ 252 kHz，显然，频率为 0.3 ~ 3.4 kHz 的语音信号不能直接在其中传输，必须经过调制才行。

（2）**信道复用**。为了提高信道利用率，需要在一个信道中传输多路信号。比如在一条电缆中传输多路电话。若对信号不加处理，直接传输多路语音信号，就会造成相互干扰，致使收信端无法区分各路信号。因此，必须用调制技术实现信道的多路复用。

调制功能：
频率变换、信道复用、改善系统
性能

（3）**改善系统性能**。从香农公式中可知，当一个通信系统的信道容量一定时，其信道带宽和信噪比可以互换。比如当信号较弱（功率较低）时，可选择宽带调频方式增加信号带宽保证系统容量。

问题 2

🐱 蛋蛋 老师，DSB 调制已经实现了调幅功能，为什么还要引出 AM 调制呢？

🐱 皮皮 问得好！在 DSB 调制的基础上，给调制信号加上直流信号 A 是为了在收信端便于利用便宜、简单的包络检波器解调。下节会解释原因。

问题 3

🐱 静静 老师，如果把在导线中的多路频分复用类比高速公路的多车道并排行驶的话，那么，无线信道的频分复用，可不可以类比在不同高度的飞机同时飞行？

🐱 皮皮 嗯，有新意！虽然不够准确，但可以帮助理解频分复用概念。

问题 4

🐱 皮皮 圆圆，从波形上看，你能否给出 DSB 与 AM 的主要区别呢？

圆圆 好的，老师。我觉得主要有两点区别。一是在时域波形上，AM 信号上半部分的包络形状完全与调制信号相同，而 DSB 信号则不是。二是在频谱上，AM 信号多了一个冲激信号分量，也就是载波分量。对吧？老师。

皮皮 嗯，对的。

第 2.2 讲 什么是解调

2.2.1 解调的概念

调制原理告诉大家：发信端的一个低频信号可通过调幅变成高频信号，然后再由天线发射出去；发信端的几路低频信号可通过调幅放到不同的频段，然后在同一个信道中传输到收信端。那么大家自然会想到一个问题：收信端如何从已调信号中恢复调制信号，即原始信号呢？从图 2-3 和图 2-4 中可以看到已调信号的幅值虽然随调制信号的变化而变化，但其时域波形与调制信号并不一样，收信端必须设法从中提取出调制信号，解调技术应运而生，其定义如下。

解调：从已调信号中恢复（提取）出调制信号的过程或方法。

如果说调制是上车或登机，那么解调就是下车或下飞机。

2.2.2 如何解调

通常，幅度解调技术有相干解调和包络解调两种。

1. 相干解调

从三角函数变换公式中可知

$$\cos \omega_c t \cdot \cos \omega_c t = \cos^2 \omega_c t = \frac{1}{2} + \frac{1}{2}\cos 2\omega_c t \qquad (2\text{-}3)$$

从通信的角度看，式（2-3）中两个余弦信号的相乘运算与调制过程相似，可以看成对一个信号（载波）用另一个同频同相的载波进行一次调制，即可得到一个直流分量和一个二倍于载频的载波分量。相干解调（同步解调）正是基于这一原理才得以实现。

若收信端的信号为式（2-1），$s_{DSB}(t) = f(t)\cos\omega_c t$，则有

$$s_{DSB}(t)\cos\omega_c t = f(t)\cos\omega_c t \cdot \cos\omega_c t = f(t)\cos^2\omega_c t = \frac{1}{2}f(t) + \frac{1}{2}f(t)\cos 2\omega_c t \quad (2\text{-}4)$$

若将式（2-4）中第二项的二倍频载波分量 $\frac{1}{2}f(t)\cos 2\omega_c t$ 用低通滤波器滤除掉，则剩下的就是原始信号分量 $\frac{1}{2}f(t)$。可见，收信端只要对接收到的 DSB 信号再用本地载波调制一下，即可把原始信号分量从已调信号中分离出来。因此，相干解调定义如下。

相干解调：利用本地载波对已调信号直接相乘，然后再滤波的解调过程或方法。

其工作原理见图 2-3。

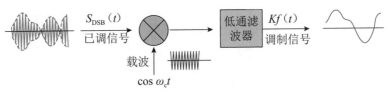

图 2-3　相干解调模型

相干解调在技术上比较复杂。若在收信端不能保证本地载波与发送载波同频同相，则解调任务将难以完成。这就引出了"载波同步"问题，相关内容将在第 4 章介绍。

图 2-4 给出了 DSB 调制和解调的全过程。可见，在调制过程中，要对调制信号乘以载波，变成已调信号，即对调制信号进行了一次否定；在解调过程中，要对已调信号乘以载波，变回调制信号，即对已调信号再进行一次否定。这与哲学中的"否定之否定"原理很相似。显然，调制系统是一个可逆系统，类似的还有编码系统。

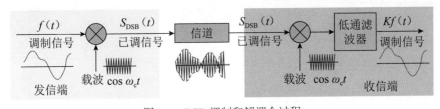

图 2-4　DSB 调制和解调全过程

2. 包络解调

前面说过，引入比 DSB 技术更复杂的 AM 调制技术的目的就是为了解调更方便。用于对 AM 信号进行解调的方法叫包络解调法。

包络解调器（检波器）的构成见图 2-5，其解调原理是这样的：二极管首先将 AM 信号的负值部分去掉，使其变成一连串幅值不同的正余弦脉冲（半周余弦波）；在每个余弦脉冲的前半段（即从零到最大值），二极管导通，电流通过二极管给电容充电并达到最大值；在每个余弦脉冲的后半段（从最大值到零），二极管截止，电容储存的电能就通过电阻放电，其端电压随之下降；等到下一个余弦脉冲的前半段到来后，又对电容进行充电并达到该半周的最大值，然后又开始放电，如此重复，电容两端的电压基本上就随 AM 信号的包络（调制信号）而变化。这里有一个前提，就是电容的放电时间要比充电时间慢得多才行，即电容的充电时常数要比放电时常数小。放电时常数 $\tau = RC$ 也不能太大，否则放电过慢，输出波形不能紧跟包络线的下降而下降，就会产生包络失真。

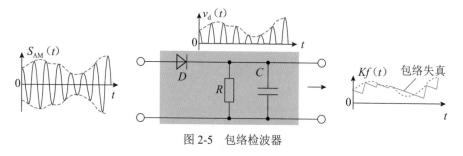

图 2-5　包络检波器

需要说明，二极管的输出波形 $v_d(t)$ 与电容两端的电压波形应该是一样的，图中 $v_d(t)$ 波形是不考虑后面接电容时的情景，目的是说明解调原理。

为了加深对幅度调制技术的理解，我们用图 2-6 给出 AM 调制通信系统原理框图。

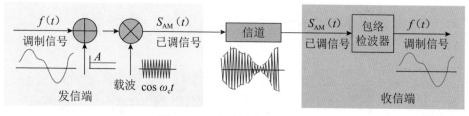

图 2-6　AM 调制和解调全过程

2.2.3　结语

（1）解调是调制的逆过程，必须与调制统一考虑、设计及应用。

（2）相干解调概念基于数学原理，很重要！

（3）包络解调技术基于电容的储能特性。

2.2.4　问答

问题 1

　　圆圆 老师，我觉得坐飞机、坐汽车、坐火车只是从传输信号的角度上诠释了调制和解调的含义，比较形象，也容易理解。但好像体现不出调制信号对载波参量控制的意思。

　　皮皮 嗯，你很细心！确实如此。我还没有找到可以体现控制含义的交通实例。你们也动动脑子，大家一起探索。

问题 2

　　壮壮 老师，人坐在车厢或机舱里是调制，那在车顶或车外边挂着是否也是调制？

　　皮皮 是。或许我们可以把人在车厢内的调制比喻为后面要讲到的调频或调相，而在车顶和车边上的比喻为调幅。

问题 3

　　蛋蛋 老师，若乘车人在车顶或车外边的话，感觉下车（解调）比较容易。而在车厢内的话下车要麻烦一点。这是否意味着调幅信号的解调要比调频信号容易一些？

　　皮皮 是的。我们后面会讲到如何解调调频信号，即如何"鉴频"。

第 2.3 讲　什么是调频

　　前面讲的 DSB 和 AM 都属于幅度调制技术，而一个正弦信号由幅度、频率和相位三要素（参量）构成，既然幅度可以作为调制信号的载体，那么其他两个参量是否也可以承载调制信号呢？回答是肯定的。这就引出了"频率调制"（Frequency Modulation）技术，简称"调频"，简记为 FM。

2.3.1 调频的概念

大家知道，正弦载波的一般表达式为

$$c(t) = A\cos(\omega_c t + \varphi) = A\cos\theta(t) \qquad (2\text{-}5)$$

设

$$\theta(t) = \omega_c t + \varphi \qquad (2\text{-}6)$$

则 $\theta(t)$ 为载波的"瞬时相位函数"；φ 被称为"初始相位"，此时为常数。

若对 $\theta(t)$ 求导，则有

$$\omega(t) = \frac{\mathrm{d}\theta(t)}{\mathrm{d}t} = \omega_c \qquad (2\text{-}7)$$

即瞬时相位函数的导数被称为"瞬时角频率函数"，用 $\omega(t)$ 表示。

若初相 φ 不是常数而是 t 的函数，即 $\varphi = \varphi(t)$，则 $\varphi(t)$ 和 $\dfrac{\mathrm{d}\varphi(t)}{\mathrm{d}t}$ 分别被称为"瞬时相位偏移（函数）"和"瞬时频率偏移（函数）"。此时，式（2-6）和式（2-7）分别变为

$$\theta(t) = \omega_c t + \varphi(t) \qquad (2\text{-}8)$$

$$\omega(t) = \omega_c + \frac{\mathrm{d}\varphi(t)}{\mathrm{d}t} \qquad (2\text{-}9)$$

据此，频率调制的定义如下。

频率调制：让载波的瞬时频率偏移 $\dfrac{\mathrm{d}\varphi(t)}{\mathrm{d}t}$ 随调制信号 $f(t)$ 的变化而变化的过程或方法。

简言之，把调制信号的变化转化为载波频率变化的过程或方法就是调频。

设调制信号为 $f(t)$，则有

$$\frac{\mathrm{d}\varphi(t)}{\mathrm{d}t} = K_F f(t) \quad \text{或} \quad \varphi(t) = K_F \int_{-\infty}^{t} f(\tau)\mathrm{d}\tau \qquad (2\text{-}10)$$

将式（2-10）代入式（2-5）得 FM 已调信号

$$s_{\mathrm{FM}}(t) = A\cos[\omega_c t + \varphi(t)] = A\cos[\omega_c t + K_F \int_{-\infty}^{t} f(\tau)\mathrm{d}\tau] \qquad (2\text{-}11)$$

式中，K_F 为比例常数（频偏常数），$s_{\mathrm{FM}}(t)$ 就是 FM 调制的结果——调频信号。

下面以单频余弦调制信号为例，给出 FM 信号的示意图，见图 2-7。

设有调制信号

$$f(t) = A_{\mathrm{m}}\cos\omega_{\mathrm{m}}t$$

则有调频信号

$$s_{\mathrm{FM}}(t) = A\cos\left(\omega_c t + K_F A_{\mathrm{m}}\int_{-\infty}^{t}\cos\omega_{\mathrm{m}}t\mathrm{d}t\right) = A\cos(\omega_c t + \beta_F \sin\omega_{\mathrm{m}}t) \qquad (2\text{-}12)$$

式中，$\beta_F = K_F A_{\mathrm{m}} / \omega_{\mathrm{m}}$ 被称为调频指数。因为 $K_F A_{\mathrm{m}}$ 就是调频信号的最大频偏

$\Delta\omega_{max}$，故有 $\Delta\omega_{max} = K_F A_m$，它是载波频率 $\omega(t)$ 在调制信号 $f(t)$ 的控制下产生的相对于载波原频率 ω_c 的最大偏移量。注意：A 是载波振幅，A_m 是调制信号振幅。

当然，对另一个参量——相位，也可以作类似处理。相位调制定义如下。

相位调制：让载波瞬时相位偏移 $\varphi(t)$ 随调制信号 $f(t)$ 的变化而变化的过程或方法。

相位调制（Phase Modulation）简称调相，简记为 PM。其已调信号可表示为

$$s_{PM}(t) = A\cos[\omega_c t + \varphi(t)] = A\cos[\omega_c t + K_P f(t)] \tag{2-13}$$

因为调相信号与调频信号特点类似，所以，我们不再赘述。

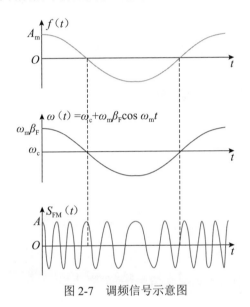

图 2-7   调频信号示意图

2.3.2　如何调频

调频信号的产生一般有直接调频法和间接调频法两种。

直接调频法是利用压控振荡器 VCO 作为调制器，调制信号直接作用于压控振荡器使其输出频率随调制信号变化而变化的等幅振荡信号，即调频信号，见图 2-8。

图 2-8   直接调频法示意图

间接调频法不是直接用调制信号去改变载波频率，而是先将调制信号作积分

处理再进行调相，继而得到调频信号。这里不再详述。

与调幅相比，调频（调相）相当于把货物或乘客装入车厢或机舱内。

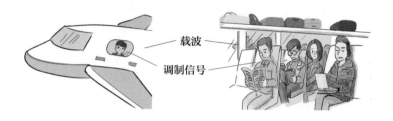

2.3.3 如何鉴频

通常，把 FM 信号的解调称为"频率解调"，简称为"鉴频"。因此，可定义频率解调如下。

频率解调：从调频信号中提取原始信号的过程或方法。

鉴频器原理如下。

设一个调频信号为

$$s_{FM}(t) = A\cos\theta(t) = A\cos[\omega_c t + K_F \int_{-\infty}^{t} f(t)\mathrm{d}t]$$

该信号的瞬时角频率 $\omega(t)$ 为

$$\omega(t) = \frac{\mathrm{d}\theta(t)}{\mathrm{d}t} = \omega_c + K_F f(t)$$

从式中可以看到，若在收信端能够从调频信号中提取出 $\omega(t)$，再想办法去掉 ω_c 项，就可以得到调制信号 $K_F f(t)$，这就是鉴频器的设计思路。

对调频信号求导

$$\frac{\mathrm{d}s_{FM}(t)}{\mathrm{d}t} = -A\frac{\mathrm{d}\theta(t)}{\mathrm{d}t}\sin\theta(t) = -A[\omega_c + K_F f(t)]\sin\theta(t) \qquad (2\text{-}14)$$

可见，式（2-14）与 AM 信号的表达式 $s_{AM}(t) = [A + f(t)]\cos\omega_c t$ 很相似，即调频信号的导数是一个既调频又调幅的信号。因为调制信号 $f(t)$ 的全部信息不但反映在该信号的频率上而且也反映在包络上，所以只要对该信号进行包络检波即可恢复出调制信号 $f(t)$。由此得到鉴频器需要由微分器和包络检波器组成的结论（见图 2-9）。

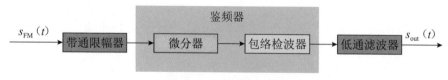

图 2-9　非相干解调模型

若把人当作载波，那么，调幅过程相当于把调制信号变成衣服穿在身上，而解调相当于脱掉衣服。调频处理相当于把调制信号变为吞咽物放入人体内部，解调时需要先动手术（微分）将调制信号暴露出来，再通过包络解调法取出来。显然，"脱衣服"比"动手术"要容易得多。

2.3.4　调频的优缺点

频率调制技术主要解决通信过程中的可靠性问题，其突出优点是抗干扰能力强。但甘蔗没有两头甜，频率调制的主要缺点是：

（1）需要占用较大的信道带宽。

（2）设备较复杂，成本较高。

频率调制因其抗干扰性能好而广泛地应用于高质量通信或信道噪声较大的场合，比如，调频广播、电视伴音、移动通信、模拟微波中继通信等。

2.3.5　结语

调频技术抗干扰性好的主要原因可从两方面理解。

（1）从时域看，调频技术是将信息"隐藏"在信号内部（频率），而不是"外挂"在信号表面（包络）。

（2）从频域看，调频技术将信号的频谱宽度扩大，密度减小，从而减小了噪声的影响。

2.3.6　问答

🙂壮壮　老师，我对频偏的概念不理解。

🙂皮皮　如果要用水位表的表针偏转指示一个 5 米高水箱里水位的话，那么，你觉得表针偏转的最大角度（对应 5 米的最高水位）是大好还是小好？

🙂静静　我觉得小好，因为表针很快就可以指示到位。

🙂圆圆　我觉得大好。虽然指示过程的时间长一点，但精度高。比如 1 度偏转对应 1 米水位，显然不如 10 度偏转对应 1 米水位指示更精确。

🙂皮皮　圆圆说得对！这个指针最大偏转角度就是频偏。也就是调频信号对应调制信号最大幅度的频率值。频偏越大，说明可用更多的频率值表示调制信号的幅度变化值，或者说，调制信号幅度的微小变化可映射为载波频率的较大变化，

即调制灵敏度高，也就是单位幅值变化引起的频率变化值大。看看图2-10，明白了吗？壮壮。

壮壮 哦，原来如此，明白了。

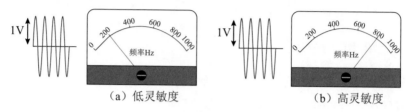

（a）低灵敏度　　　　　　　　（b）高灵敏度

图 2-10　调制灵敏度概念图

蛋蛋 老师，在发信端要用尽可能高的调制灵敏度（大频偏）进行调频我理解了。但在收信端进行逆变换，即解调时，应该希望单位频率变化可以引起较大的信号幅值变化，也就是希望频偏小一点，对吧！显然，这与在发信端对频偏的要求矛盾了。这个问题如何解决？

皮皮 蛋蛋真聪明！问得好！他发现了我没讲的鉴频灵敏度问题。若在发信端有调制灵敏度 K_m，那么，在收信端就要有相应的鉴频灵敏度 K_d，见图2-11。

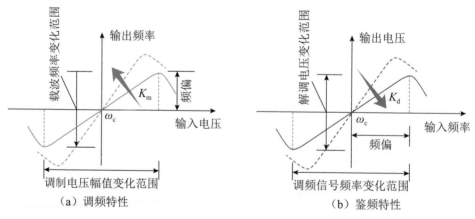

（a）调频特性　　　　　　　　（b）鉴频特性

图 2-11　调频和鉴频特性

频偏大，在发信端意味着调制灵敏度高，直线陡；而在收信端意味着鉴频灵敏度低，直线平，二者确实存在矛盾。现实中，只能通盘考虑，综合平衡，取一个两端都可接受的 K_m 和 K_d 值。

问题 3 ?

蛋蛋 老师，还有一个问题，为什么调制和鉴频特性两端都有个弯？

皮皮 真正有弯的是鉴频特性，因为该特性一般是由两个谐振特性构成，也就是由正、负两个"山峰"叠加而成。谐振特性我们在"电路分析"课程中讲过。而图 2-11（a）的调制特性两端不一定是图示的弯状，但受器件或电路特性的限制，其线性范围有限，两端也肯定不会是直线。

第 2.4 讲 为什么调频收音机的音质比调幅收音机好

2.4.1 什么是 AM 和 FM 收音机

生活中常见的收音机有两大类：调频收音机和调幅收音机。它们可以单独出现，也可以混合出现。大多数手机中的收音机是调频收音机。

从调谐刻度盘上很容易辨别收音机种类。有"FM"或"调频"标识的是调频收音机；有"AM"和"SW"或"调幅"标识的是调幅收音机；二者皆有的是混合收音机，如图 2-12 所示。

调幅收音机
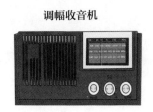

调频收音机
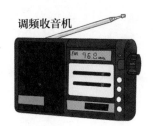

图 2-12 调幅和调频收音机

最简单的调幅收音机只有一个接收波段（频段），即中波波段，频率范围为 530 ~ 1600kHz，通常用 MW 表示；高级一点的还包含一个或多个短波波段，通常用 SW1（短波段 1）、SW2（短波段 2）等表示。

在我国，调频收音机的接收频率范围一般为 87.5 ~ 108MHz，用 FM 表示。

注意：上述波段都是指载波的频率变化范围。

如果两种收音机你都使用过，就会发现调频收音机放出的声音干净、清晰、高低音丰富，用专业术语说，就是音质比调幅的好。这节课我们就基于通信原理知识聊聊其中的奥秘。

2.4.2 什么是音质

术语"音质"可理解为"声音或音频信号的质量"。网上给出的含义如下。

声音信号的质量是指经传输、处理后音频信号的保真度。

从通信的角度上讲，音质主要包含三个指标。

（1）音频信号波形的失真度。

（2）频率分量（频谱）的丰富（完整）度。

（3）信噪比。

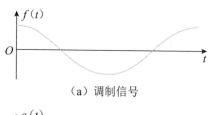

（a）调制信号

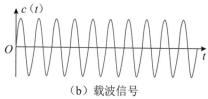

（b）载波信号

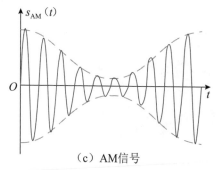

（c）AM信号

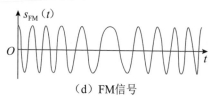

（d）FM信号

图 2-13　两种调制信号示意图

对于民用音频通信系统而言，比如广播系统、音响设备等，为了满足耳朵的享受要求，通常追求高保真度（Hi-Fi），即要求系统的音频信号还原度高，也就是音频信号的音质好，或者说，波形失真小、频率分量损失小和信噪比高。

下面就基于波形失真度、频谱完整度和信噪比三个指标说明两种收音机音质的优劣。

2.4.3 性能比较

1. 波形失真度比较

设调制信号为一单音声波 $f(t)$，载波为 $c(t)$，则 AM 和 FM 的时域波形如图 2-13 所示。

从波形上看，AM 与 FM 信号有如下异同点：

（1）AM 信号的载波频率和相位不变，但幅度随调制信号变化而变化。

（2）FM 信号的幅度不变，但载波的瞬时频率随调制信号变化而变化。

（3）AM 信号携带信息于"皮"，而 FM 信号携带信息于"骨"。

大家都知道，任何信号在信道中（或通信系统中）传输，都会受到乘性和加性两种噪声的干扰。若设信道输入信号为 $v_i(t)$，输出信号为 $v_o(t)$，则信道输入与输出的关系为

$$v_o(t) = k(t)v_i(t) + n(t) \qquad\qquad (2\text{-}15)$$

式中，$k(t)$ 叫"乘性噪声"，主要来自信道本身的物理特性，比如非线性畸变、损耗等；$n(t)$ 被称为"加性噪声"，主要来自信道内、外部的噪声，比如热噪声、雷电等。显然，如果能够比较 FM 信号与 AM 信号受这两种噪声影响的程度大小，则两种广播音质的好坏就一目了然了。

假设两种广播系统的硬件设备质量相同，空间信道也相同，那么，在同一时间它们受到的空间干扰就相同。从式（2-15）可见，两种干扰对信号的影响主要体现在幅值上，也就是会造成信号波形的失真或畸变，而对信号频率的影响则较小。显然，由于 AM 广播的信息存在于已调信号的包络变化上，波形的畸变会直接改变传输的信息，所以，噪声对 AM 信号质量的损害较大。而 FM 广播的信息存在于信号频率的变化中，信号波形（包络）一定程度的畸变不会改变信号频率，故噪声对 FM 信号质量的影响较小。如果说 AM 广播的信息存在于"皮"，FM 广播的信息存在于"骨"的话，那么，"皮"与"骨"的安全性不言而喻。

2. 频谱完整度比较

人耳能够听到的声音或音频信号的频谱范围是 20Hz ～ 20kHz。因此，一个音频通信系统要达到高保真，首先必须保证其传输的信号频谱宽度大于或等于这个范围。

通常，AM 广播信号的带宽为 9kHz，原始音频信号的带宽为 4.5kHz；而 FM 广播信号的带宽约为 180kHz，原始音频信号的带宽为 15kHz。显然，FM 中音频信号的频谱比 AM 的要宽（15kHz>4.5kHz），即包含的频率分量更多，信息更丰富、更完整。

3. 信噪比比较

FM 已调信号的频谱带宽比 AM 的大很多（180kHz>9kHz），在一定程度上也提高了 FM 信号的抗干扰能力（信噪比较高）。比如有 10 颗秧苗，若把它们均分种在 10cm 长的一条线上（频谱宽度），那么一脚下去，秧苗会被毁之八九。若把它们均分种在 100cm 长的一条线上，则别说一脚，就是两脚上去，秧苗也只会被损之一二。

用交通实例解释的话，就是 AM 系统好比把 1 棵树截为 4 段用 4 辆卡车各载 1 段在 1 条 10m 宽的道路上并排跑，而 FM 系统就是把 1 棵树截为 8 段用 8 辆卡车各载 1 段在 1 条 100m 宽的道路上并排跑，其安全性和可靠性无须赘言。再者，由于 FM 系统中的加性噪声也比 AM 中的容易处理，所以也导致 FM 信号的质量更好。

2.4.4 结语

（1）FM 广播比 AM 广播的音质好。

（2）AM 信号比 FM 信号更容易受到加性噪声的干扰且干扰难以消除。

（3）FM 广播的音频信号带宽和已调信号带宽均比 AM 大，从而导致 FM 信号携带信息比 AM 更丰富、更完整，抗噪声能力更强。

（4）甘蔗没有两头甜。FM 广播的高质量主要是用通信系统的大带宽换取的。

2.4.5 问答

🐯静静 老师，为什么我的手机里只有 FM 收音机没有 AM 收音机？

🐱皮皮 主要因为 AM 收音机在中波段和部分短波段的接收天线是磁棒和线圈，体积较大难以放入手机，而 FM 收音机通常采用机外天线，比较常见的是拉杆天线。因此，大部分手机在听 FM 广播时，需要插入耳机听，因为要把耳机的引线当作天线用。

问题2

🐷蛋蛋 老师，音质的好坏是否也与扬声器（喇叭）的口径大小有关？

🐵皮皮 是，也不是。过去受技术限制，要想重放更多的低音，扬声器的纸盆确实需要更大一点，于是人们就总结出一个经验：喇叭口径越大低音越好。但现在技术和材料都进步了，小口径喇叭也可以重放高质量的低音了，因此，口径对喇叭音质的影响已经不大了。

第 2.5 讲　什么是 PCM 调制

在图 1-19 所示的数字通信系统中，信源和信宿处理的都是模拟信号（消息），而信道传输的却是数字基带或已调信号。因此，在数字通信系统中的发信端必须有一个将模拟信号变成数字信号的过程（ADC），而在收信端也要有一个把数字信号还原成模拟信号的过程（DAC），两个变换分别由信源编码和信源译码模块完成。那么，如何将一个模拟信号变换为一个数字信号呢？脉冲编码调制 PCM（Pulse Code Modulation）可以解决这个问题。

2.5.1 PCM的概念

PCM 调制需要经过抽样、量化和编码三个步骤才能完成，系统如图 2-14 所示。

图 2-14 脉冲编码调制模型

可用图 2-15 简要描述 PCM 调制原理。其中 $p(t)$ 是抽样脉冲串，充当载波。$v(t)$ 是原始电压信号或调制信号。

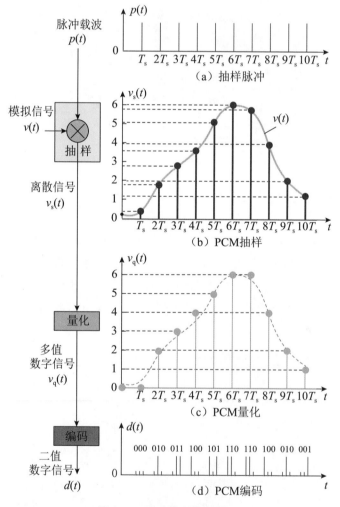

图 2-15 脉冲编码调制原理

2.5.2　什么是抽样

PCM 调制的第一步是对模拟信号进行抽样（sampling）处理。其定义如下。

抽样：以固定的时间间隔不断采集模拟信号当时的瞬时值的过程或方法。

抽样过程示意图见图 2-16。

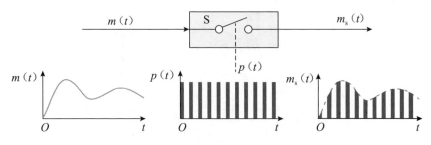

图 2-16　抽样过程示意图

在图 2-31 中，设模拟信号 $m(t)$ 由开关 S 控制，当开关处于闭合状态，开关的输出就是输入，即 $m_s(t) = m(t)$，若开关处在断开位置，输出 $m_s(t)$ 就为零。可见，如果让开关受一个窄脉冲串（序列）$p(t)$ 的控制，即脉冲出现时开关闭合消失时开关断开，则输出 $m_s(t)$ 就是一个幅值随 $m(t)$ 变化的脉冲串，即 $m_s(t)$ 就是对 $m(t)$ 抽样后的信号，简称"样值信号"。

2.5.3　什么是量化

PCM 调制的第二步是对样值信号进行量化（quantizing）处理，其定义如下。

量化：把连续的无限个数值集合映射（转换）为离散的有限个数值集合的过程或方法。

通常采用"四舍五入"的原则进行数值量化。

讨论量化之前，首先介绍三个术语。

（1）量化值。量化后的取值叫量化值（量化电平）。比如图 2-15 的量化值就是 0、1、2、3、4、5、6 七个。

（2）量化级。量化值的个数称为量化级。比如图 2-17 就是 7 级量化。

（3）量化间隔。相邻两个量化值之差为量化间隔（量化台阶）。比如图 2-30 的量化间隔就是 1。

下面借助图 2-17 说明量化原理。

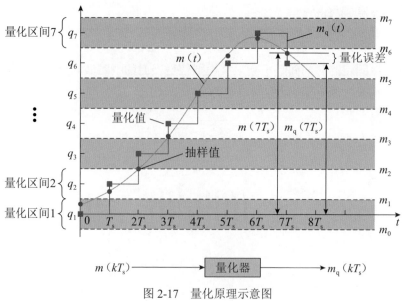

$$m(kT_s) \longrightarrow \boxed{量化器} \longrightarrow m_q(kT_s)$$

图 2-17　量化原理示意图

$m(t)$ 为模拟信号；T_s 为抽样间隔；$m(kT_s)$ 是第 k 个抽样值（图中用"·"表示）；$m_q(t)$ 表示量化信号；$q_1 \sim q_M$ 是预先规定好的 M 个量化电平（量化级 $M=7$）；m_i 为第 i 个量化区间的终点电平（分层电平），电平之间的间隔 $\Delta V_i = m_i - m_{i-1}$ 就是量化间隔。那么，量化就是将抽样值 $m(kT_s)$ 转换为 M 个规定电平值 $q_1 \sim q_M$ 中任何一个的过程，即

$$m_{i-1} \leqslant m(kT_s) \leqslant m_i \longrightarrow m_q(kT_s) = q_i \tag{2-16}$$

例如，$t=5T_s$ 和 $t=7T_s$ 时的抽样值落在 $m_5 \sim m_6$ 范围内，则量化器输出的量化值均为 q_6。

显然，量化值只是抽样值的近似，它们之间的误差被称为量化误差，可表示为

$$e_q = m - m_q \tag{2-17}$$

其中，简化符号 m 表示 $m(kT_s)$，m_q 表示 $m_q(kT_s)$。对于语音、图像等随机信号，量化误差也是随机的，它对信号的影响就像噪声一样，因此又称 e_q 为量化噪声。

在生活中，校服的分号标准就是量化概念的应用实例。因为学生身高（假设不考虑胖瘦）不同（相当于抽样值不同）且人数众多，无法按人量身定做，所以，可以根据身高数据的分布，把校服按大小分为 5 个尺码，即以 5 个身高值为标准进行生产（忽略胖瘦分型）。比如 1.45 ~ 1.55m 按 1.50m 制作，尺寸定为 5 号；

1.55 ～ 1.65m 按 1.60m 生产，尺寸定为 4 号；1.65 ～ 1.75m 按 1.70 米生产，尺寸定为 3 号；那么，身高不等于这 5 个值的学生只能按最接近自己身高的号码领取校服。即把校服无数个不同尺码统一为（量化为）只有 5 个尺码。

2.5.4　什么是编码

PCM 调制的第三步是对量化后的数字信号进行编码（coding）处理。其定义如下。

PCM 编码：把量化后的多进制数字序列变换成二进制数字序列的过程或方法。

PCM 编码逆过程被称为"PCM 译码（解码）"。

要完成 PCM 编码需要解决两个问题：

（1）如何确定二进制码字的字长。

（2）采用怎样的编码码型。

一个由二进制码元（也可以是多进制）构成的有限长序列被称为"码字"。

M 个不同码字就可以表示 M 个消息状态或符号。比如 3 位码字就有 000、001、010、011、100、101、110、111，共 $M = 2^3 = 8$ 种组合，可以表示 8 个消息状态或符号，在 PCM 编码中就可以表示 8 个量化值。

构成一个码字的码元位数被称为"字长"（上例中字长为 3）。显然，字长越大，构成的码字个数就越多，可表示的量化值就越多，则量化级数就越多，量化间隔及量化噪声也随之减小。但字长越大，对电路的精度要求也越高，同时，要求码元速率（波特率）越高，从而要求信道带宽越宽。通常，量化级数为 256，字长是 8。

还以校服为例，量化后的 5 个号码用 3 位二进制数表示就是编码概念的体现，即 $5 \rightarrow 001, 4 \rightarrow 010, 3 \rightarrow 011, 2 \rightarrow 100, 1 \rightarrow 101$。

2.5.5　结语

在 PCM 过程中，上述内容可以总结为以下三句话。

（1）抽样的作用：模拟信号离散化。

（2）量化的作用：离散信号数字化。

（3）编码的作用：数字信号二值化。

2.5.6 问答

问题 1 ?

圆圆 老师，若我穿 3 号校服大，穿 4 号小，怎么办？

皮皮 蛋蛋，你说这是什么问题，如何解决？

蛋蛋 老师，这是量化级数不够的问题，加大级数就可解决。比如，在原来的 3 与 4 号之间再加 2 个号，变成 3、4、5、6 号，圆圆就可以在 4 号和 5 号中选择一个合适的。

皮皮 嗯，不错，回答正确。

问题 2 ?

壮壮 老师，根据调制的概念，我没发现 PCM 调制把信息放在载波的哪个参数上！

皮皮 确实如此。仔细分析会发现，模拟信号的样值通过编码"放"在了脉冲串的不同组合上，即信息携带在载波（脉冲串）的编码上。因此，也符合前面的调制概念。明白了吗？

壮壮 嗯，懂了。

第 2.6 讲   为什么要非均匀量化

2.6.1   非均匀量化的概念

通常，在 ADC 应用中，有均匀和非均匀量化两种方法。均匀量化的定义如下。

均匀量化：量化间隔都一样的量化过程或方法。

如果在一定的值域（取值范围）内增加量化级数，也就是减小量化间隔，则量化噪声就会减小。比如，把量化间隔取成 0.5，则第 2.5 讲的量化级数就变成 14 个，量化噪声则变为 0.25。显然，量化噪声的大小与量化间隔成正比。但在实际中，不可能对量化分级过细，因为过多的量化值将直接导致系统复杂性、经济性、可靠性、方便性、维护使用性等指标的恶化。比如，7 级量化用 3 位二进制码编码即可，若量化级数变成 128，就需要 7 位二进制码编码，系统的复杂度将大大增加。

另外，均匀量化使得样值信号的大样值和小样值的绝对量化噪声相同，都是 0.5 个量化间隔，但相对误差却悬殊。比如在图 2-30 中，样值在 6 附近时，绝对量化噪声为 0.5，而相对误差为 0.5/6=1/12，即相对误差是量化值的十二分之一；而当样值在 1 附近时，绝对量化噪声仍为 0.5，但相对误差却为 0.5/1=1/2，达到量化值的一半。若把这种相对误差的倒数定义为量化信噪比的话，那么，上例中大信号的量化信噪比比小信号的高 6 倍。显然，增加量化级数虽然可以提高小信号的信噪比（同时也提高了大信号信噪比），但与提高系统简单性、可靠性、经济性等指标却相互矛盾。

那么，能否找到一种既能提高小信号信噪比，缩小大、小信号信噪比的差值，又不过多增加量化级数的量化方法？这就引出了非均匀量化法。其定义如下。

非均匀量化：对信号大、小样值采用不同量化间隔的量化过程或方法。

具体地说，就是对小信号（小样值）采用较小的量化间隔，而对大信号（大样值）就用较大的量化间隔。非均匀量化的本质：对问题的处理不要一刀切。

2.6.2 如何实现非均匀量化

实现非均匀量化的常用方法是压缩 / 扩张法。

在发信端的抽样器后面接一个信号压缩器，其作用是对弱小信号有比较大的放大倍数（增益），而对大信号的增益却比较小。这样，样值信号经过压缩后就发生了畸变，大样值部分与进压缩器前差不多，没有得到多少放大，而小样值部分却得到了不正常的放大（提升），相比之下，大样值好像被"压缩"了，压缩

器由此得名。对压缩后的样值信号再进行均匀量化，就相当于对样值信号进行了非均匀量化处理。

在收信端为了恢复原始抽样信号，就必须把接收到的压缩信号恢复成压缩前的状态，完成这个还原工作的电路就是扩张器，其特性正好与压缩器相反，即对小信号压缩，对大信号提升。为了保证信号不失真，要求压缩特性与扩张特性合成后是一条直线，也就是说，信号通过压缩器后再通过扩张器实际上好像通过了一个线性电路。显然，压缩和扩张都是一种对信号的非线性变换或处理。

压缩和扩张特性原理见图 2-18。图中，脉冲 $A = 3.1$ 和脉冲 $B = 0.9$ 是两个样值，作为压缩器的输入信号经过压缩后变成 $A' = 3.2$ 和 $B' = 2.5$，可见 A' 与 A 基本上没有差别，而 B' 却比 B 大了许多，这正是人们需要的压缩特性；在收信端 A' 与 B' 作为扩张器的输入信号，经扩张后，还原成样值 A 和样值 B。

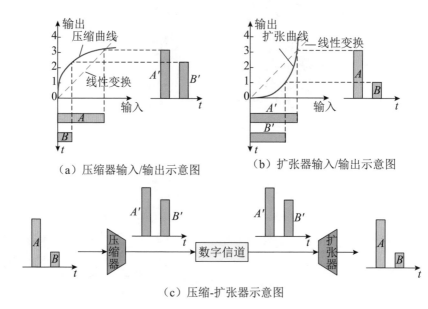

（a）压缩器输入/输出示意图　　（b）扩张器输入/输出示意图

（c）压缩-扩张器示意图

图 2-18　压缩和扩张特性原理图

再看一下小信号的信噪比变化情况。样值 B 如果经均匀量化，则量化噪声为 0.5，相对误差为 0.5；而经过压缩后，样值 B' 的量化噪声仍为 0.5，但相对误差变为 0.5/3=1/6，比均匀量化减小了许多，其信噪比也就大大提高。

2.6.3　结语

（1）量化的本质是"离散化"和"粗糙化"。

（2）非均匀量化的本质是"小信号小粗糙，大信号大粗糙"。

2.6.4 问答

问题 1 ❓

🐷皮皮 圆圆，你能否用一个生活实例类比非均匀量化？

🐭圆圆 比如，我妈蒸的馒头都比较大，对她而言，吃起来没什么问题，可我喜欢吃小馒头。但若只蒸小馒头，我肯定高兴了，可她就会觉得太麻烦，这就是均匀量化（一刀切）。最好的解决方法就是既蒸大馒头也蒸小馒头，这就是非均匀量化。

🐷皮皮 很好，这个比喻有点意思。

问题 2 ❓

🐷皮皮 静静，你能否找一个生活实例类比压缩和扩张？

🐭静静 嗯，我觉得如果一个人要通过下水道穿过马路，那么，他必须先蹲下，也就是压缩高度，然后走过水道，过了马路后再站立起来，恢复高度，也就是扩张。这个例子行不行？

🐷皮皮 嗯，不错。

问题 3 ?

🐷皮皮 蛋蛋，你觉得对信号的压缩和扩张处理可否用一个哲学概念理解？

🐵蛋蛋 我觉得用"否定之否定"概念好像可以。您看，发送端的压缩处理就是对原信号的一次否定（改变了原信号），经过传输后，接收端再进行的扩张处理，是对接收信号的又一次否定。对原信号而言，经过了否定之否定后，就恢复为本来面目。对不对？

🐷皮皮 很好！其实在通信原理中有不少概念与之相似，如调制／解调、编码／译码等。

第 2.7 讲　什么是增量调制和增量总和调制

在 PCM 调制中，为了提高 ADC 精度，需要增加量化级数，而增加了量化级数就需要更多的码字对量化后的数值进行编码。比如，目前 PCM 的量化级数为 128，即需要对 128 个量化数值进行编码，那么，需要 7 位二进制码进行编码即可；若把量化级数提高到 256，就需要 8 位二进制码编码，则系统复杂度和成本就随之大大增加。为了克服 PCM 调制这个缺点，人们又发明了增量调制和增量总和调制技术。

2.7.1　什么是增量调制

造成 PCM 调制这种弊端的根源是编码直接针对量化后的抽样值，所以量化级数（精度）直接决定编码长度（字长）。那么，能否找到一种不直接对量化值编码的方法？

从高等数学中可知，一个连续函数会存在相应的导函数。若给定导函数，则可以通过积分运算得到原函数。而原函数上任意一点的导函数值反映的是该点函数值的变化趋势，即向上变化（导数值为正）和向下变化（导数值为负）。这就给人们提供了一个新思路：如果只对函数的导函数进行编码，用 0 表示向下变化，用 1 表示向上变化，则只需要 1 位二进制码编码即可描述函数的变化趋势。这就是增量调制和增量总和调制的理论基础。

请看图 2-19。在模拟信号 $f(t)$ 的曲线附近，有一条与 $f(t)$ 的形状相似的阶梯状曲线 $f'(t)$。显然，只要阶梯台阶 σ 和时间间隔 Δt 足够小，则两者的相似度就会提高。对 $f'(t)$ 进行滤波处理，去掉高频波动，所得到的曲线将会很好地与原曲线重合，这意味着 $f'(t)$ 可以携带 $f(t)$ 的全部信息（这一点很重要）。因此，$f'(t)$ 可以看成用一个给定的台阶 σ 对 $f(t)$ 进行抽样与量化后的曲线。把台阶的高度 σ 称为增量，用数据 1 表示正增量，代表向上增加一个 σ；用数据 0 表示负增量，代表向下减少一个 σ，则这种阶梯状曲线就可用一个 0、1 数字序列来表示，也就是说，对 $f'(t)$ 只需用一位二进制码编码即可。但要注意，由此形成的二进制码序列不是像 PCM 那样用一个码字代表原信号某一时刻的样值，而是用一位码值反映曲线（原信号）在抽样时刻向上（增大）或向下（减小）的变化趋势。定义增量调制如下。

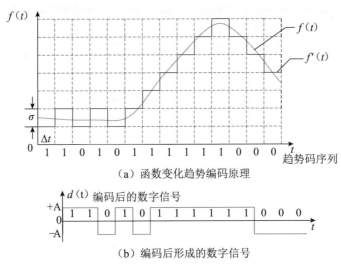

（a）函数变化趋势编码原理

（b）编码后形成的数字信号

图 2-19 增量调制波形图

增量调制：只用一位二进制编码将模拟信号变为数字序列的过程或方法，记为 ΔM。

增量调制原理告诉大家一个事实：**要描述一个函数或曲线，可以直接用其函数表达式也可以间接用其导函数**。由此可见数学知识在实际工程应用中的重要性。

显然，增量调制的已调信号携带的是原信号的微分信息，那么，在收信端要想恢复原信号就需要对已调信号进行积分处理。因此，ΔM 信号的解调比较简单，用一个积分器即可完成。增量调制系统原理框图见图 2-20。注：积分器后面的低通滤波器用于圆滑信号波形。

综上所述，**ΔM 调制与 PCM 调制的本质区别是，只用一位二进制码进行编码，但这一位二进制码不表示信号抽样值的大小，而表示抽样时刻信号曲线或大小的变化趋势。**

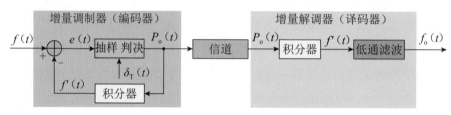

图 2-20　增量调制系统原理框图

2.7.2　增量调制的缺点

再说一遍：甘蔗没有两头甜！增量调制尽管有前面所述的优点，但也有两个不足：存在过载噪声和一般量化噪声，两者可统称为"量化噪声"。两种量化噪声波形见图 2-21。

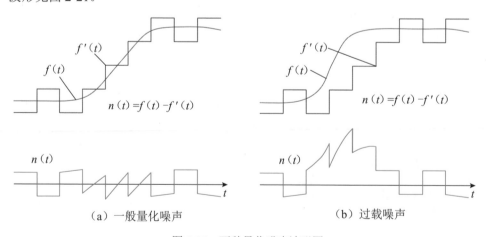

（a）一般量化噪声　　　　　　　　　　（b）过载噪声

图 2-21　两种量化噪声波形图

从图 2-21 可见，调制阶梯曲线的最大上升和下降斜率是一个定值，只要增量 σ 和时间间隔 Δt 给定，它们就不变。那么，若原始模拟信号的变化率超过调制曲线的最大斜率，则调制曲线就跟不上原始信号的变化，从而造成误差。这种因调制曲线跟不上原始信号变化的现象被称为"过载"，由此产生的波形失真或者信号误差就是"过载噪声"。因为增量调制是利用调制曲线和原始信号的差值进行编码，也就是利用增量进行量化，所以在调制曲线和原始信号之间存在误差，这种误差被称为"一般量化误差"或"一般量化噪声"。

仔细分析两种噪声波形可以发现，两种噪声的大小与阶梯波的抽样间隔 Δt 和增量 σ 有关。可以定义 K 为阶梯波一个台阶的斜率并称为"最大跟踪斜率"。

$$K = \frac{\sigma}{\Delta t} = \sigma f_{s} \tag{2-18}$$

式中，f_s 是抽样频率。当信号斜率大于跟踪斜率时，称为"过载条件"，此时就会出现过载现象；当信号斜率等于跟踪斜率时，称为"临界条件"；当信号斜率小于跟踪斜率时，称为不过载条件。可见，通过增大量化台阶（增量） σ 进而提高阶梯波形的最大跟踪斜率 K，就可以减小过载噪声；而降低 σ 则可减小一般量化噪声。显然通过改变量化台阶进行降噪出现了矛盾，因此，σ 取值必须两头兼顾，适当选取。然而利用增大抽样频率（即减小抽样时间间隔 Δt）却可以左右逢源，既能以较小的 σ 值降低一般量化噪声，又可增大最大跟踪斜率 K，从而减小过载噪声。因此，实际的 ΔM 系统抽样频率要比 PCM 系统高得多，一般在两倍以上。对于语音信号，典型值为 16kHz 和 32kHz。

对于一个实际的增量调制系统，其抽样频率和增量值的改变总是有限的，也就是说，系统对两种量化噪声性能的改善是有限的。因此，增量调制系统对于直流、频率较低信号或频率很高的信号均会造成较大的量化噪声从而丢失不少信息。为了克服增量调制的缺点，人们又发明了增量总和调制技术。

2.7.3　什么是增量总和调制

增量总和调制的基本思想是，对输入的模拟信号先进行一次积分处理，改变其变化态势，使之适合于增量调制，然后再进行增量调制。简单地说，就是把快变信号先处理为慢变信号，然后再进行增量调制。这个过程就像先对信号求和（积分），后进行增量调制一样，因此，称之为"增量总和调制"或"Δ-Σ 调制"。可以用图 2-22 解释增量总和调制的原理。

对于图 2-22（a）的正弦信号 $f(t) = A\cos\omega_c t$，其最大斜率为其导数最大值，即 $K = A\omega_c$，可见该斜率值与信号频率成正比，信号频率越高，则斜率值就越

大。假设该斜率大于系统最大跟踪斜率，则对该信号直接进行增量调制时就会出现过载现象。为了克服这个缺点，现对 $f(t) = A\cos\omega_c t$ 先进行积分处理，变成 $F(t) = \dfrac{A}{\omega_c}\sin\omega_c t = A'\sin\omega_c t$，式中 $A' = \dfrac{A}{\omega_c}$，然后对 $F(t)$ 进行增量调制，则 $F(t)$ 的最大斜率是 $K' = A'\omega_c = A$。显然，因为 ω_c 大于 1，所以 K' 小于 K 并且与信号频率无关。可见 $F(t)$ 的最大斜率小于 $f(t)$ 的最大斜率，也就有可能小于系统最大跟踪斜率，这样，对 $F(t)$ 进行增量调制时就可能不会过载。

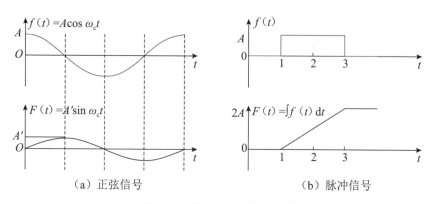

（a）正弦信号　　　　　　　　（b）脉冲信号

图 2-22　信号及其积分波形图

再看图 2-22（b）所示的脉冲信号，其上跳边沿斜率为无穷大，调制器无法跟踪，但积分后，边沿变成斜坡信号，斜率大大降低，调制就可能不出现过载现象。

增量总和调制的系统框图见图 2-23。

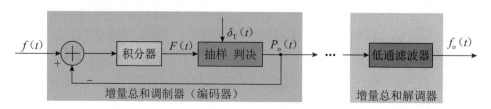

图 2-23　增量总和调制的系统框图

Δ-Σ 信号的解调非常简单，只用一个低通滤波器即可。大家知道，增量调制其实也可以称为微分调制，因为增量本身就有微分之意，而且对信号以 Δt 进行抽样，再以 σ 量化的处理过程本身就与数学中的微分运算相似，所以，ΔM 信号可以认为携带输入信号的微分信息。这样，在收信端对其进行积分处理，自然能够解调出原始信号。而在 Δ-Σ 调制中，由于先对输入信号进行了积分处理，然后才进行微分调制，积分和微分的作用相互抵消，等于对信号没做处理，调制器输出的数字信号（脉冲串）已经反映了输入信号的幅度信息，所以，收信端不需要积分器，直接用低通滤波器即可恢复原信号。

2.7.4 结语

（1）PCM 调制、ΔM 调制和 Δ-Σ 调制都是应用于通信领域的 ADC 技术。

（2）ΔM 调制是 PCM 调制的改进技术，Δ-Σ 调制是 ΔM 调制的改进技术。

（3）ΔM 调制和 Δ-Σ 调制技术的本质都是针对信号导函数的调制技术。而 PCM 调制是针对信号原函数的调制技术。

（4）ΔM 调制和 Δ-Σ 调制都是以大传输带宽或更多的抽样值换取短的编码字长为特点。

（5）数学中的微分和积分概念是三种调制的理论基础。

2.7.5 问答

问题 1 ?

🐰蛋蛋 老师，我发现一个问题。在 PCM、ΔM 和 Δ-Σ 三种 ADC 技术中，都需要抽样，可抽样后得到的离散信号比原信号少了很多值，也就是严重失真。那么，根据这个失真信号转换出的数字信号还有意义吗？或者说，还有用吗？

🐰皮皮 嗯嗯，问得好！下节课要讲的抽样定理可以回答这个问题。

问题 2 ?

🐰壮壮 老师，按增量总和调制原理，应该先对信号积分，然后再进行增量调制，而图 2-45 中的积分器怎么会放在求和器之后，而且还少了一个反馈用的积分器？

🐰皮皮 因为利用了"两个积分信号的代数和等于两个信号代数和的积分"的运算特性。

$$\int f(t)\mathrm{d}t - \int P_0(t)\mathrm{d}t = \int [f(t) - P_0(t)]\mathrm{d}t$$

这样，就节省一个积分器并简化了系统结构。看看，数学知识是不是很有用！

🐰静静 难怪听不懂呢！数学没学好呀！

两个积分信号的代数和

第2.8讲　什么是抽样定理

上节课蛋蛋提出了关于抽样定理的问题，即当把一个模拟信号通过抽样处理变成离散信号后，凭什么保证该离散信号可以携带原始模拟信号的全部信息？换句话说，在收信端凭什么能够从该离散信号中恢复原始模拟信号？如果这一问题说不清楚，那么 PCM、ΔM 和 Δ-Σ 调制等 ADC 技术就没有实用价值。

2.8.1　抽样定理

抽样定理是各种 ADC 技术的理论基础，它为人们的上述担心提供了保证。

抽样定理包含两个内容：低通抽样定理和带通抽样定理。这里只介绍低通抽样定理。

低通抽样定理：对于一个带限模拟信号 $f(t)$，假设其频带为 $[\,0\,,\,f_{\mathrm{H}}\,]$，若以抽样频率 $f_{\mathrm{s}} \geq 2f_{\mathrm{H}}$ 对其进行抽样的话（抽样间隔 $T_{\mathrm{s}} \leq \dfrac{1}{f_{\mathrm{s}}}$ ），则可从样值信号 $y_{\mathrm{s}}(t) = \{f(nT_{\mathrm{s}})\}$ 中无失真地恢复出原信号 $f(t)$。

简言之，对一个模拟信号若以大于或等于其最高频率分量二倍的频率进行抽样，则所得到的样值信号就可以包含原始模拟信号的全部信息。

2.8.2　抽样定理的证明

下面以图 2-24 为例，根据"信号与系统"课程的知识对抽样定理给予证明。

设一个带限信号为 $f(t)$，其频谱为 $F(\omega)$；抽样脉冲序列为一冲激串信号 $\delta_{\mathrm{T}}(t)$，频谱为 $\delta_{\mathrm{T}}(\omega)$；样值信号 $y_{\mathrm{s}}(t)$ 的频谱为 $Y_{\mathrm{s}}(\omega)$，则有

$$y_{\mathrm{s}}(t) = f(t) \cdot \delta_{\mathrm{T}}(t)$$

由频域卷积特性可得

$$Y_{\mathrm{s}}(\omega) = \frac{1}{2\pi}[F(\omega) * \delta_{\mathrm{T}}(\omega)]$$

而冲激串 $\delta_{\mathrm{T}}(t) = \sum\limits_{n=-\infty}^{\infty} \delta(t - nT_{\mathrm{s}})$ 的频谱为

$$\delta_{\mathrm{T}}(\omega) = \frac{2\pi}{T_{\mathrm{s}}} \sum_{n=-\infty}^{\infty} \delta(\omega - n\omega_{\mathrm{s}})$$

则有

$$Y_{\mathrm{s}}(\omega) = \frac{1}{T_{\mathrm{s}}}[F(\omega) * \sum_{n=-\infty}^{\infty} \delta(\omega - n\omega_{\mathrm{s}})] = \frac{1}{T_{\mathrm{s}}} \sum_{n=-\infty}^{\infty} F(\omega - n\omega_{\mathrm{s}}) \tag{2-19}$$

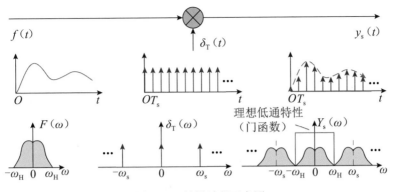

图 2-24　抽样过程示意图

从图 2-24 中可见，$Y_s(\omega)$ 是由一连串位于不同频率处的 $F(\omega)$ 波形组成。在 $\omega_s \geqslant 2\omega_H$ 的前提下，样值信号的频谱 $Y_s(\omega)$ 不会发生重叠现象，从理论上讲，就可以通过一个截止频率为 ω_H 的理想低通滤波器将 $Y_s(\omega)$ 中的第一个 $F(\omega)$ 取出来，恢复原始信号 $f(t)$。若不满足 $\omega_s \geqslant 2\omega_H$ 的条件，则 $Y_s(\omega)$ 中的 $F(\omega)$ 们就会出现重叠（见图 2-25），以至于无法用滤波器提取出一个干净的 $F(\omega)$。

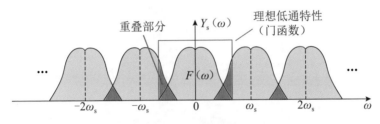

图 2-25　频谱重叠示意图

2.8.3　重建原信号

下面从时域给出重建（恢复）模拟信号 $f(t)$ 的过程。若设一个理想低通滤波器的冲激响应为 $h(t)$，则其傅里叶变换 $H(\omega)$（频谱）也就是滤波器的传输函数是一个门函数

$$H(\omega) = \begin{cases} 1, & |\omega| \leqslant \omega_H \\ 0, & |\omega| > \omega_H \end{cases} \tag{2-20}$$

根据"信号与系统"课程所学知识可知，一个样值信号 $y_s(t)$ 通过低通滤波器，在时域上就是与冲激响应 $h(t)$ 作卷积运算。设低通滤波器的输出为重建信号 $\hat{f}(t)$，则有

$$\hat{f}(t) = h(t) * y_s(t) = \frac{1}{T_s}\left(\frac{\sin\omega_H t}{\omega_H t}\right) * \sum_{n=-\infty}^{\infty} f(nT_s)\delta(t - nT_s)$$

$$= \frac{1}{T_s} \sum_{n=-\infty}^{\infty} f(nT_s) \frac{\sin \omega_H (t-nT_s)}{\omega_H (t-nT_s)} = \frac{1}{T_s} \sum_{n=-\infty}^{\infty} f(nT_s) Sa[\omega_H (t-nT_s)] \quad (2\text{-}21)$$

式中，抽样信号 $Sa(t) = \dfrac{\sin t}{t}$ 就是 $h(t)$，也就是 $H(\omega)$ 的傅里叶逆变换，见图 2-26（a）。

从式（2-21）可见，重建信号是由无穷个抽样信号叠加而成。实际得到重建信号 $\hat{f}(t)$ 的波形就是图 2-26（b）中的包络线。抽样信号的名称由此而来。

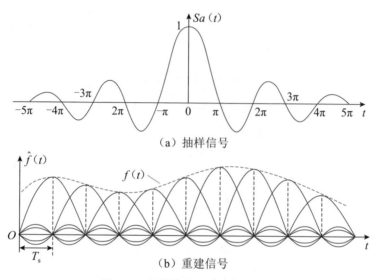

（a）抽样信号

（b）重建信号

图 2-26　抽样信号及重建信号波形

2.8.4　结语

（1）抽样定理是 ADC 的理论基础，非常重要！

（2）抽样定理的成立条件在于信号的连续性。

2.8.5　问答

🌸圆圆　老师，现在上网看的视频、听的歌曲应该都是利用抽样定理转换的数字信号吧？

🐯皮皮　是的。应该说所有原始模拟信号都必须通过抽样定理转换为数字信号才能在网络上传播并应用。

问题 2 ❓

🧑 壮壮 老师，我不理解为什么抽样频率越高，频谱越不会重叠。

👤 皮皮 你会开车吗?

🧑 壮壮 不会，但会骑摩托车。

👤 皮皮 那你应该知道，车速越高，转弯半径越大吧，也就是离圆心越远。把车速比作频率，圆心比作坐标原点，半径方向比作频率横轴，现在理解了吗?

🧑 壮壮 嗯嗯，懂了，原来这么简单!

第 2.9 讲　什么是时分复用和数字复接

若要让一个铁路交通网高效运行，需要在两方面下功夫，一是要路上（信道）跑的列车尽量装得多跑得快；二是要车站（节点）的换道时间和上下货物时间尽量短。这个概念也适合通信网，即通信网的有效性问题主要涉及信道传输技术和节点交换技术，而时分复用和数字复接就是常用的信道高效传输技术。

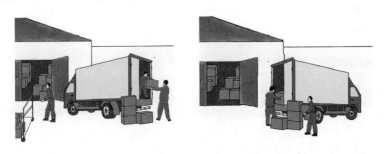

2.9.1　时分复用的概念

大家已经知道，模拟语音信号通过 PCM 调制后，会以数字信号的形式在信道中传输，也就形成了所谓数字电话技术。

通常，一路语音信号的最高频率 f_H 约为 4kHz，那么，若对该信号进行 PCM，则抽样频率为 $f_s = 8kHz$，抽样间隔 $T_s = \dfrac{1}{f_s} = 125\mu s$。若每个样值脉冲的持续时间为 25μs，则相邻两个样值之间就有 100μs 的空闲时间。若一个信道只传输一路这样的 PCM 信号，则每秒就有约 0.8s 被白白浪费掉了。如果进行长途传输，其信道利用率之低，传输成本之高是人们难以接受的。为此，人们发明了时分复用技术。

时分复用：对欲传输的多路信号分配以固定的传输时隙（时间），在一个信道中以统一的时间顺序依次循环进行断续传输的过程或方法。

下面以图 2-27 为例详细介绍时分复用的原理。

假设收、发信端各有 3 人要通过一个实信道（一对电话线）同时打电话。我们把他们分成甲、乙、丙三对并配以固定的传输时隙，以一定的顺序分别传输他们的通话信号，比如第一秒开关拨在甲位传输甲对通话者的信号，第二秒开关拨在乙位传输乙对通话者的信号，第三秒开关拨在丙位传输丙对通话者的信号，第四秒又循环传送甲对通话者的信号，周而复始，直到通话完毕。这个通话过程就是时分复用。

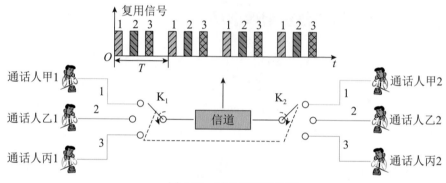

图 2-27　时分复用示意图

时分复用技术的特点是，各路信号在频谱上是互相重叠的，但在传输时彼此独立，任一时刻，信道上只有一路信号在传输。为便于理解，这里需要引入帧的概念。其定义如下。

帧：传输一段具有固定格式数据所占用的时间。

帧有两个含义。

（1）帧是一个固定时间段。不同应用或不同场合的帧，其长度（帧长）是不同的。

（2）帧是一种数据格式。通常，一种应用的帧长和数据格式是一样的，但每帧的数据内容可以不同（有时，在同一种应用中，帧长允许变化，比如 IEEE 802.3 协议中的帧）。

因此，在讲到帧时，要么是强调传输时间的长短，要么是强调数据格式的结构。比如，上面讲的语音信号复用时，每个传输循环时间必须小于或等于 125μs，如果我们取最大值的话，则一个循环时间就是 125μs。从传输时间上看，这 125μs 就是 3 路语音信号 TDM 的一个帧。而数据格式就是各路信号或数据在一个时间段中的安排位置或顺序（结构）。

在图 2-27 中，为了说明时分复用原理，我们掩盖（没有画出）了量化和编码过程，而实际上 TDM 都是传输编码后的数字信号。上例中，若把 125μs 四等分，前三个等分按甲、乙、丙的顺序分别传输 3 路语音信号，第四个等分传输一路控制信号，每个样值都用 8 位二进制码编码，则这种数据安排方式就是数据格式或帧结构，图 2-28 就是这种帧结构示意图。

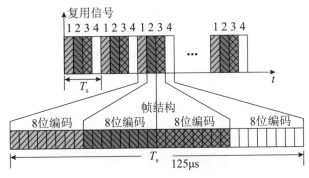

图 2-28　时分复用帧结构示意图

帧可以类比交通系统的一列火车。火车的长度（车皮数）类比帧长，每个车皮所装的货物的规定类比帧格式。比如，一列从西安发往郑州的货车共 14 节车皮（帧长为 14）；第 1 节装青岛、北京、上海、武汉 4 个目的地地址；第 2、3、4、5节分别装 4 个地方的货物，重复到第 13 节，每个目的地的货都装了 3 车皮（3 个抽样值）；第 14 节车皮装有货车皮的数量（12）。这列货车到了郑州站会被拆分，把 12 节车皮分别挂到开往 4 个地方的其他货车上。在西安站的所有发往这四地的货物都按这个编组一列一列开往郑州，形成 PCM 时分复用传输。当然，如果看目的地标签的话，也可作为标签复用的实例。

2.9.2　数字复接的概念

如上所述，采用时分复用技术可以让多路信号在同一个信道中分时传输，提高了信道利用率。可根据"甘蔗没有两头甜"的思路大家会想，这种复用的缺点是什么呢？

假设要对 120 路电话信号进行时分复用，根据 PCM 流程，首先要在 125μs 内完成对 120 路语音信号的抽样，然后对 120 个抽样点值分别进行量化和编码，这样，对每路信号的 PCM 处理（抽样、量化和编码）时间实际只有 0.95μs。若把这种对多路语音信号直接时分复用的方法称为 PCM 复用的话，就会发现复用路数越大，对每路信号的 PCM 处理时间就越短，在技术上实现起来也就越困难。因此，对于小路数电话信号复用，直接采用 PCM 是可行的，但对于大路数而言，PCM

复用在理论上可行，而实际上难以实现。那么，如何实现大路数信号的时分复用呢？人们找到了医治这一"病症"的"良方"——数字复接。其定义如下。

数字复接：将多个低速率数字流合并成一个较高速率数字流的过程或方法。

这里的数字流就是数字码流，也就是一连串码元序列的简称。

数字复接是提高线路利用率的一种有效方法，也是现代数字通信网的基础技术。比如对 30 路电话进行 PCM 复用（采用 8 位编码）后，通信系统的信息传输速率为 8000×8×32=2048kbit/s，即形成速率为 2048kbit/s 的数字流（比特流）。现在要对 120 路电话进行时分复用，就需要对 4 个 2048kbit/s 低速数字流进行数字复接，以形成一个更高速的数字流。

2.9.3 数字复接的原理

图 2-29（a）给出了复接器原理示意图。

图 2-29（b）是 4 个 PCM30/32 路基群的 TS_1 时隙（CH_1 话路）的一个码字示意图。

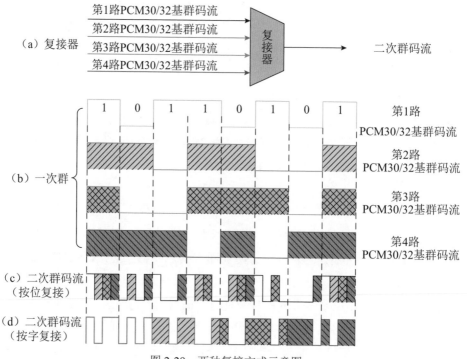

图 2-29　两种复接方式示意图

下面给出按位（逐比特）复接、按字复接、按帧复接三种方式的基本原理。

（1）按位复接。复接器每次只复接一个支路的一比特信号，依次轮流复接各支路信号。图 2-29（c）是按位复接后的二次群中各支路数字码排列情况。

（2）按字复接。复接器每次只复接一个支路的一个码字（8bit），依次复接各支路的信号。图 2-29（d）是按字复接情况。目前，多用按字复接。

（3）接帧复接。复接器每次只复接一个支路的一帧信号，依次复接各支路的信号。这种方法目前极少应用。

2.9.4 结语

（1）时分复用与复接在本质是一样的，即分时传输多路信号。

（2）通常，对于模拟信号而言，时分复用＝抽样＋量化＋编码＋复用（编排）。

（3）通常，对于数字信号而言，复接＝压缩＋复用（编排）。

2.9.5 问答

问题 **1** ?

蛋蛋 老师，我感觉复用和复接处理的对象不一样。复用是针对模拟信号的，而复接是针对数字信号的。对不对？

皮皮 对！复用需要对模拟信号进行抽样、量化和编码处理，而复接只需对数字信号进行压缩和编排（复接）处理即可。

问题 **2** ?

壮壮 老师，若帧长一样，那么，复接帧包含的脉冲个数一定大于复用帧，而脉冲宽度应该小于复用帧，对吗？

皮皮 嗯，一般是这样的。

问题 3 ?

👦皮皮 静静，你能否总结一下复用和复接的基本原理？

👧静静 复用是对多路（电话）模拟信号在一个定长时间段（帧）内完成 PCM 和 TDM 的全过程；而复接是对多路数字信号或码流（ADC 后的电话信号）在一个定长时间段内进行的码元压缩和编排过程，它只负责把多路数字信号编排在给定时间段内，而不需要再进行抽样、量化和编码处理，从而减少了对每路信号的处理时间，降低了对器件和电路的要求，实现了大路数（高次群）信号的时分复用。虽然复用也可以提高通信效率，但复接效率更高。

👦皮皮 很好。下课！

第 2.10 讲　什么是数字调制

前面已经讲过模拟调制技术，这节课就讲讲数字调制技术。

2.10.1　什么是数字调制

数字调制：让载波的某个（多个）参量随数字基带信号大小变化而变化的过程或方法。

简言之，对于二进制数字基带信号而言，用高低或正负脉冲串控制载波参量的过程或方法就是数字调制。

这里的载波与模拟调制一样，也是正弦信号。与模拟调制中的幅度调制、频率调制和相位调制相对应，数字调制也分为三种基本方式：幅移键控（Amplitude Shift Keying，ASK）、频移键控（Frequency Shift Keying，FSK）和相移键控（Phase Shift Keying，PSK）。

2.10.2　如何实施2ASK

幅移键控：让载波幅值随数字信号幅值的变化而变化的过程或方法。

若数字信号是二进制的，幅移键控就简记为2ASK。

设二进制调制信号为矩形脉冲序列，可表示为

$$B(t) = \sum_{n=1}^{L} a_k g(t - nT_B) \tag{2-22}$$

式中，L 为序列长度（脉冲个数）；$g(t)$ 为门信号，其幅度由二进制数据 a_k 决定。k 为码元状态序数，最大值为 2。a_k 可表示为

$$a_k = \begin{cases} 1, & \text{出现概率为} P, \quad k=1 \\ 0, & \text{出现概率为} 1-P, \ k=2 \end{cases} \tag{2-23}$$

设载波 $c(t)$ 表达式为

$$c(t) = \cos \omega_c t \tag{2-24}$$

令调制信号与载波相乘，则 2ASK 信号的表达式为

$$s_{2\text{ASK}}(t) = \sum_{n=1}^{L} a_k g(t - nT_B) \cos \omega_c t \tag{2-25}$$

可见，载波 $c(t)$ 的幅度由二进制脉冲序列 $B(t)$ 所决定。若把乘法器换作开关，则可得到图 2-30 的 2ASK 调制原理图。

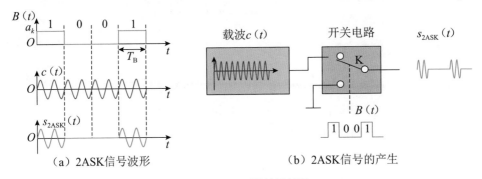

（a）2ASK信号波形　　　　　　　　　　（b）2ASK信号的产生

图 2-30　2ASK 调制原理图

2.10.3　如何实施2FSK

频移键控：让载波频率随数字信号幅值的变化而变化的过程或方法。

若数字信号是二进制的，频移键控就简记为2FSK。

因为调制信号携带的数据只有0和1两个值，所以，调频信号的频率也就只有两个离散取值，其表达式为

$$s_{2FSK}(t) = \sum_{n=1}^{L} a_k g(t-nT_B)\cos\omega_{c1}t + \sum_{n=1}^{L} \bar{a}_k g(t-nT_B)\cos\omega_{c2}t \quad (2\text{-}26)$$

这里，$\bar{a}_k$ 是 a_k 的反码，在式（2-26）中，二者一个为0，另一个为1，可表示为

$$a_k = \begin{cases} 0, & \text{概率为}P, \ k=1 \\ 1, & \text{概率为}1-P, \ k=2 \end{cases} \qquad \bar{a}_k = \begin{cases} 1, & \text{概率为}P, \ k=1 \\ 0, & \text{概率为}1-P, \ k=2 \end{cases} \quad (2\text{-}27)$$

2FSK实现过程如图2-31所示。显然，2FSK信号是在两个不同频率载波的选择中产生。

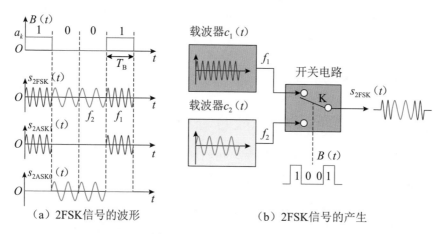

（a）2FSK信号的波形　　　　　（b）2FSK信号的产生

图2-31　2FSK调制原理图

2.10.4　如何实施2PSK

相移键控：让载波初相随数字信号幅值的变化而变化的过程或方法。

若数字信号是二进制的，相移键控就简记为2PSK。

2PSK是用二进制调制信号控制载波的两个初相（通常相隔π弧度），例如用初相0和π分别表示数据1和0，其表达式为

$$s_{2PSK}(t) = \sum_{n=1}^{L} a_k g(t-nT_B)\cos\omega_c t \quad (2\text{-}28)$$

式中，a_k 为双极性数字消息值，即

$$a_k = \begin{cases} +1, & \text{概率为}P, \ k=1 \\ -1, & \text{概率为}1-P, \ k=2 \end{cases} \quad (2\text{-}29)$$

2PSK 信号产生过程如图 2-32 所示。

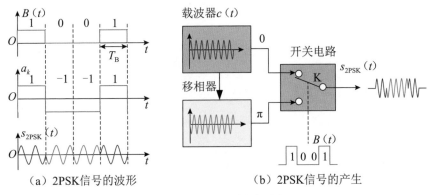

（a）2PSK信号的波形　　　　（b）2PSK信号的产生

图 2-32　2PSK 调制原理图

2.10.5　结语

（1）数字调制与模拟调制的概念及原理相同，本质都是用低频信号控制高频载波。

（2）数字调制与模拟调制的最大区别就是调制信号只有两个离散值而不是无穷个连续值。换句话说就是，数字调制的载波参量只有两个变化状态或两个数值。

（3）若数字信号采用四进制或八进制，就会有对应的 4/8ASK、4/8FSK 和 4/8PSK。

2.10.6　问答

　　静静 老师，根据您讲的三张产生图，数字调制都叫"某移键控"的原因是不是因为三种调制都是由开关实现的？

　　皮皮 对。不过从式（2-25）、式（2-26）和式（2-28）可见，理论上是用乘法器实现的。

问题 2

　　皮皮 大家仔细看看式（2-25）、式（2-26）和式（2-28），发现了什么？

　　圆圆 我发现式（2-25）与式（2-28）的形式相同，所不同的只是 a_k 的取值

不一样。

☠ 蛋蛋 我发现式（2-26）可看成两个式（2-25）相加而成。

☠ 皮皮 很好。这两个发现说明，2ASK、2FSK、2PSK 三者之间有着内在联系。

（1）2FSK、2PSK 都是以 2ASK 为基础。

（2）2FSK 可由两个 2ASK 组合而成。

（3）把 2ASK 系数 a_k 的 "0" 取值改为 "-1" 就可得到 2PSK。

得到这个结果的根本原因就是调制信号或原始信号只有两个固定取值。

问题 3

☠ 壮壮 老师，从原理上看，三种数字调制的输出波形都是模拟信号，那是不是意味着都可以在模拟信道中传输？

☠ 皮皮 很好的问题。若仅从波形上看，确实可以在模拟系统中传输。但因为信息数据是携带在波形幅度、频率或相位参数的两个取值（状态）上，所以，至少在收信端必须有同步检测或定位时判断步骤或功能，以正确识别 0、1 数据，保证信息的可靠传输。因此，通常数字调制信号还是要在数字信道中传输（传输介质可以与模拟信道相同）。

需要提醒大家注意的是，与模拟调制相比，数字调制概念更接近交通运输。二进制码元可以类比两个火车车皮或集装箱。好，今天就到这儿，下课！

第 2.11 讲　为什么要引入 DPSK

2.11.1　2PSK解调

因数字调制信号的解调多用相干法，故需要在收信端产生与发信端同频同相的载波（本地载波）。对于常用的 2PSK 解调而言，本地载波是从接收的 2PSK 信号中恢复出来的。常用的载波恢复电路有平方环和科斯塔斯环两种，如图 2-33 所示。

实用中，这两种电路都存在一个问题：恢复出来的本地载波与调制载波可能同相，也可能反相，从而导致解调输出信号出现 0 和 1 的倒置，产生错码，如图 2-34 所示。

从图 2-34（b）和（c）中可知，本地载波相位的不确定性会造成解调后的调制信号极性完全相反，形成 0 和 1 的倒置，引起信息接收错误。究其原因是数据 0 和 1 分别调制在载波的两个绝对相位值上（比如 0 和 π）。显然，若能把数据不放在绝对相位值上，就可以解决 0、1 倒置问题。因此，差分相移键控调制 2DPSK 技术应运而生。

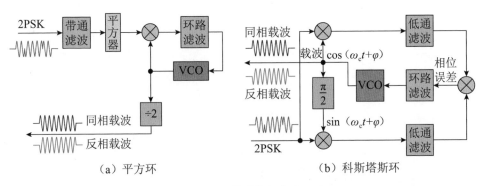

（a）平方环 　　　　　　　　　　（b）科斯塔斯环

图 2-33　载波恢复电路

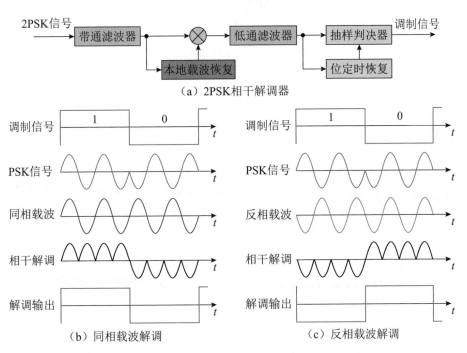

图 2-34　2PSK 相干解调器及解调 "0" "1" 倒置原理图

2.11.2　2DPSK调制

在 2PSK 调制中，调制信号 1 和 0 值分别对应两个确定的载波相位（比如 0 和 π），即利用载波相位的绝对数值携带数字信息，因此可称为"绝对调相"；而

利用前后码元载波相位的相对变化值也同样可以携带数字信息，这就是"相对调相"。其定义如下。

相对调相：让载波初相随数字信号相邻码元幅值的变化而变化的过程或方法。

若数字信号是二进制的，相对相移键控就简记为 2DPSK。

2DPSK 信号的产生过程是首先对数字基带信号进行差分编码，即由绝对码变为相对码（差分码），然后再进行绝对调相。2DPSK 调制器及波形如图 2-35 所示。由已调信号的波形可见，载波相位遇 1 变化而遇 0 不变，从而实现了相对调相功能。

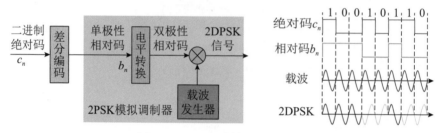

图 2-35　2DPSK 调制器及其波形

2.11.3　2DPSK解调

2DPSK 解调器由 PSK 解调器和"码反变换器"构成，其解调过程是先对接收信号进行 PSK 解调，然后对解出的差分码信号进行反变换，即可还原为绝对码信号，如图 2-36 所示。

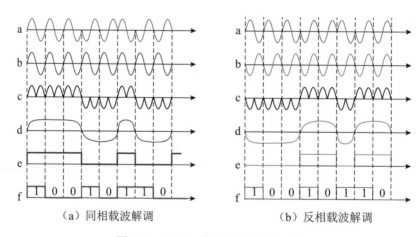

（a）同相载波解调　　　　　（b）反相载波解调

图 2-36　2DPSK 信号相干解调示意图

可见，即使出现 0、1 倒置（波形 d 和 e），但通过"码反变换器"处理后，

110

也能得到正确的信息码（如波形 f）。其奥秘就是数据 0 和 1 被放在数字信号电平的变化中，而不是电平的稳定状态上。

2.11.4 结语

本节内容可用四句话概括。

（1）为什么引入 2DPSK？因为 2PSK 的解调会出现 0、1 倒置问题。

（2）为什么会出现 0、1 倒置问题？因为本地载波的相位不确定。

（3）为什么 2DPSK 可以克服 0、1 倒置问题？因为信息改为差分码传输。

（4）为什么要用差分码？因为差分码的信息存于电平的变化中，而不在电平的稳态上。

（5）数字调制传输的技术难点在于保证解调器抽样判决时刻的准确性，也就是本地载波的准确度。

2.11.5 问答

壮壮 老师，为什么模拟调制的调相技术内容您忽略了，却大讲数字调制的调相呢？

皮皮 因 PM 技术应用不多，而 PSK、DPSK 应用却随处可见，尤其是在多进制调制中。

静静 老师，根据图 2-36 波形 e 进行码逆变换时，第一个脉冲携带的数据如何确定？

皮皮 很细心。收信端收到第一个脉冲时，确实不知道前一个脉冲电平状态，也就是没有参照物，无法判定第 1 个数据是 0 还是 1。因此，这里只能假定一个电平状态，即左边波形假定是高电平。

问题 3

圆圆 老师，您说的"电平"是什么意思？

皮皮 "电平" 一词的原意是指信号的两个功率值或两个电压值之比的对数值，即 $10\log_{10}\dfrac{P_2}{P_1}$ 或 $20\log_{10}\dfrac{V_2}{V_1}$，单位是 "分贝（dB）"。我刚才说的 "电平" 指数字电路中的 "逻辑电平"，即一个二进制码元的两种幅值状态，若幅值大于判断阈值，就称为 "高电平" 状态，若幅值低于阈值，就称为 "低电平" 状态。通俗地讲，逻辑电平是指一个二进制信号幅值的两个取值范围，要么 "高"，要么 "低"。在生活上，逻辑电平可以类比 "水平" 一词，比如对某人的业务能力常用 "水平高" 或 "水平低" 来评价。明白了吗？

圆圆 明白了，老师。

第 3 章
编码和译码

第 3.1 讲　什么是编码和译码

3.1.1　编码和译码的概念

生活中有很多编／译码实例因为司空见惯而没有引起大家的注意，比如：父母给孩子起名字，编制房屋的门牌号码、单位的邮政编码，命名城市道路，谱写各种乐谱（五线谱、简谱）等都是编码实例。而根据名字找到人和单位、根据乐谱演奏和唱歌等就都是译码实例。

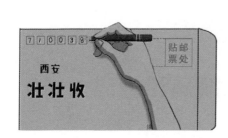

通过对各种编（译）码实例的分析、归纳及提炼，可定义编码及译码如下。

编码：用一组数字或符号去指代另一些事物或符号的过程或方法。

译码：利用编码协议从编码中逆向寻找所指代的事物或符号的过程或方法。

从数学角度上看，编码可认为是用一组数字或符号替代另一组数字或符号的过程或方法。比如 ASCII 码中的字符 A、B、C 可分别用十进制数字 65、66、67 替代。即字母（符）A、B、C 可被编码为数字 65、66、67。再如摩尔斯码，是将字母、阿拉伯数字和标点符号用点符 "." 和划符 "-" 的组合表示。我们祖先发明的八卦图也是编码的经典实例。

3.1.2　编码的目的

在通信系统中，编码处理主要有两个目的。

（1）将信息数字化或符号化，进而引入数字通信系统和数据通信系统。

（2）对通信过程进行差错控制，提高通信质量。

因此，通信系统中的编码概念包含两个含义：一是信源编码，二是信道编码。

3.1.3　数字通信系统中有哪几种编/译码模块

在数字或数据通信系统中，通常有三对编译码模块，分别是信源编／译码、信道编／译码和线路编／译码模块，如图 3-1 所示。

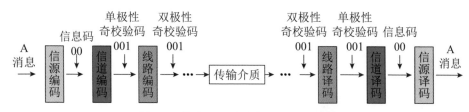

图 3-1　数字通信系统编译码流程示意图

三种编码模块的具体任务如下。

（1）信源编码模块实现信息到原始数字基带信号或原始数据的转换。

（2）信道编码模块实现原始数字基带信号到具有差错控制功能基带信号的转换。

（3）线路编码模块实现具有差错控制功能基带信号到适合信道传输基带信号的转换。

三种编 / 译码模块的功能可用图 3-1 说明：消息字符 A 通过信源编码模块变为原始单极性不归零信息码 00；然后经过信道编码模块变为具有奇校验功能的单极性不归零数据码 001；最后经过线路编码模块变成双极性归零传输码 001。三个译码模块完成编码模块的逆变换。

假设要把 100 名学生从学校送到博物馆参观，则将 100 名学生均分为 10 组的任务可类比信源编码（形成原始信息码），为每组学生配 1 名带队教师类比信道编码（形成差错控制码），为这 10 组师生（码组）配备客车还是越野车就是线路编码（形成传输码）。

严格地讲，只有信源编码和信道编码是真正意义上的编码，而线路编码只是改变码字（码元）的长相（波形），或者说是用一种波形替代另一种波形，其具体概念后面会讲到。

3.1.4　结语

（1）通信编码可分为信源编码和差错控制编码两大类。

（2）通信编码的实质是信息符号化（信源编码）或不同符号之间的替换（信道编码）。

（3）信源编码的目的是把信息用数据（码字）替代。

（4）信道编码的目的是把信息码变成有检纠错能力的准传输码，从而提高通信的可靠性和准确性。

（5）线路编码是一种特殊的编码，其本质是码型变换，其目的是形成传输码。

3.1.5 问答

问题 1?

壮壮 老师，译码是否可以认为是编码的逆过程？

皮皮 是的。用"信号与系统"课程中的概念讲，编码器和译码器是一对"可逆系统"。

问题 2?

蛋蛋 老师，既然编码和译码是互逆的，那么是不是意味着发信端的编码规则或方法应该事先告知收信端？或者说，通信双方事先要制定一个共同遵守的编译码规则？

皮皮 是的，这个规则就是人们经常挂在嘴上的"编码协议"。比如 ASCII 码表、摩尔斯电报码和八卦图都是编码协议的实例。

问题 3?

静静 老师，现在信息安全或网络安全问题很重要。所谓的加密是否也是一种编码？或者说，编码还有一个目的，就是信息安全？

皮皮 问得好！加密可以认为是一种更高级的编码方法。具体地说，加密就是用局外人难以理解或不易掌握的规则进行编码的过程或方法。加密多用于对通信原始信息的符号化处理，即信源编码，以防信息外泄。而破译就是了解和掌握"加密（编码）协议"。第二次世界大战期间，日本战犯山本五十六就是因为其视察前线行程的密码电报被破译，而被美国空军设伏击毙。

第 3.2 讲　什么是信源编码

3.2.1　信源编码的概念

数字或数据通信的第一步就是"信源编码"。其定义如下。

信源编码：把欲传送的信息符号化或数字化从而形成原始信息码的过程或方法。

因为信息或消息可分为模拟和数字两大类，故信源编码也有两个内容。

（1）**对模拟信源编码（ADC）**。为弥补模拟通信系统抗噪声能力差的不足，人们发明了数字通信技术。实现数字通信的第一步就是将欲传输的模拟信息转换为数字信号，即将信息编制为若干组数据的集合。构成数据的码元可用不同的电信号表示，比如电平高低不同的脉冲，这样，模拟信息就变为一个高低不同的脉冲序列，实现了 ADC。

（2）**对数字信源编码**。信源除了可以是模拟信源外，还可以是离散信源（数字信源）。数字通信系统传送离散信息不需要 ADC，但仍需要信源编码，也就是将欲传送的信息用另外一组符号或数字取代。比如，若要给计算机输入英文单词 GOOD，则键盘会根据 ASCII 编码表，把 GOOD 字母编制为十进制数 71、79、79、68 或二进制数 1000111、1001111、1001111、1000100。若用莫尔斯电报传输，则 GOOD 会被编制为 "-- · --- --- - · ·" 电脉冲信号。再如，图 3-1 中的字母 A 被编码为数据 00。信源编码实例见图 3-2。

二进制	十进制	十六进制	字符	二进制	十进制	十六进制	字符
0011 0000	48	30	0	0101 0000	80	50	P
0011 0001	49	31	1	0101 0001	81	51	Q
0011 0010	50	32	2	0101 0010	82	52	R
0011 0011	51	33	3	0101 0011	83	53	S
0011 0100	52	34	4	0101 0100	84	54	T
0011 0101	53	35	5	0101 0101	85	55	U
0011 0110	54	36	6	0101 0110	86	56	V
0011 0111	55	37	7	0101 0111	87	57	W
0011 1000	56	38	8	0101 1000	88	58	X
0011 1001	57	39	9	0101 1001	89	59	Y
0011 1010	58	3A	:	0101 1010	90	5A	Z

字符	莫尔斯码	字符	莫尔斯码	字符	莫尔斯码
A	· —	M	— —	Y	— · — —
B	— · · ·	N	— ·	Z	— — · ·
C	— · — ·	O	— — —	1	· — — — —
D	— · ·	P	· — — ·	2	· · — — —
E	·	Q	— — · —	3	· · · — —
F	· · — ·	R	· — ·	4	· · · · —
G	— — ·	S	· · ·	5	· · · · ·
H	· · · ·	T	—	6	— · · · ·
I	· ·	U	· · —	7	— — · · ·
J	· — — —	V	· · · —	8	— — — · ·
K	— · —	W	· — —	9	— — — — ·
L	· — · ·	X	— · · —	0	— — — — —

（a）ASCII编码　　　　　　　　　（b）莫尔斯编码

图 3-2　信息编码实例

3.2.2　结语

（1）信源编码是数字通信技术和数据通信技术的基础。

（2）信源编码的目的是把信息数字化或数据化。

（3）信源编码的对象是模拟信息和数字信息。

（4）信源编码的产物是携带信息的数据码，简称信息码。

3.2.3　问答

壮壮　老师，根据信源编码的概念，我觉得汉语和汉字应该都是信源编码实

例，对吗？

皮皮 对的。其实人类的各种语言和文字都是信源（人脑）编码实例，它们的本质其实就是人类思想和感情信息的载体，但因为这种信源（同时也是信宿）不在通信系统的范畴里，所以，"通信原理"课程不讨论它。不过，顺着这个思路，你们觉得英汉字典是什么？

蛋蛋 那应该就是信息转换协议了，或者说，就是"密码本"了，对吗？老师。

皮皮 对！

问题 2

圆圆 老师，您说信源编码的第一个功能就是模数转换，那么，如何进行ADC呢？

皮皮 问得好！ADC有多种方法。第2章的PCM调制就是一种实用的信源编码或ADC技术。比如数字电话就采用了PCM技术。

问题 3

蛋蛋 老师，对于给定的数字信息，比如晴天、雨天、雪天、阴天四条信息，用2位、3位或4位二进制码都可以表示。那到底用几位合适呢？

皮皮 这个问题其实是编码效率问题。信源编码的基本原则是用尽可能少的数据表示尽可能多的信息，即要尽可能提高编码效率。因此，答案是用2位二进制码。

蛋蛋 那您的意思是还可能有降低编码效率的编码？

皮皮 哈哈，不错！蛋蛋会听"弦外之音"了。是的！差错控制编码就是以降低编码效率为代价的编码技术。

问题 4

静静 老师，超市里各种商品上的条形码和现在经常要扫的二维码也都是一种信源编码实例，对吗？

皮皮 对的。超市收银员用扫描枪扫取商品条形码和我们用手机扫取付款、健康、行程二维码等都是信源译码的实例。

第 3.3 讲　什么是信道编码

信源编码的目的是将信息数字化，而信道编码的目的则是为了提高通信质量（控制差错），减小误码率或误信率（对于二进制数字信号，两者相等）。因此，其也称为"差错控制编码"。那么，什么是差错？什么是差错控制编码？什么是差错控制方式？

3.3.1　什么是差错

不管是模拟通信系统还是数字通信系统，都存在因干扰和信道传输特性不好而对信号造成的不良影响，如图 3-3 所示。

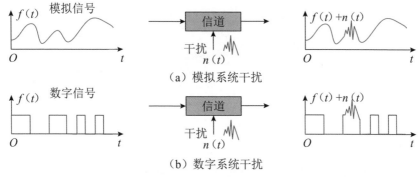

（a）模拟系统干扰

（b）数字系统干扰

图 3-3　两种通信系统干扰示意图

在模拟通信系统中，信号波形因加性干扰造成的畸变（失真）会导致模拟信息失真，并且失真的信号波形很难纠正。而在数字通信系统中，尽管干扰同样会使信号产生变形，但一定程度的信号畸变不会影响对数字信息（数据）的接收，因为人们只关心数字信号电平的状态，而不太在乎其波形的失真，也就是说，数字系统对干扰或信道特性不良的宽容度比模拟系统大（这也就是数字通信比模拟通信抗干扰能力强的主要原因）。当然，若干扰超过一定限度，也会使数字通信产生误码或差错，从而引起信息传输错误。

在数字通信过程中，码元的错误形式主要有随机差错和突发差错两种，示意图见图 3-4。

（1）**随机差错也称为单比特差错，是由随机 / 起伏噪声引起的码元错误。**其特点是码元中任意一位或几位发生从 0 变 1 或从 1 变 0 的错误是相互独立的，彼此之间没有联系，一般不会引起成片的码元错误。

（2）**突发差错是由脉冲噪声引起的码元错误，比如闪电、电器开关的瞬态、磁带缺陷等都属于突发噪声。**该差错的特点是各错误码元之间存在相关性，即突

发错误是一个错误序列。该序列的首部和尾部码元都是错的，中间的码元有错的也有对的，但错误码元相对较多。错误序列的长度（包括首和尾在内的错码所波及的段落长度）被称为"突发差错长度"。

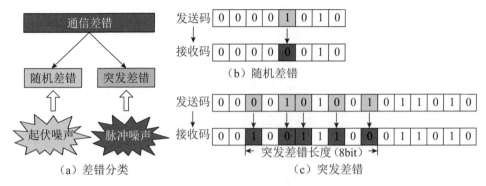

图 3-4 通信差错示意图

3.3.2 什么是差错控制编码

信道编码的基本思想就是对信源编码器输出的数字信息序列（基带信号）按一定的规律加入一些携带检、纠错信息的冗余（监督或校验）码元，以便于收信端利用这些信息检出或纠正通信过程中的错码，从而提高通信质量。或者说，信道编码就是使原来没有规律性或规律性不强的原始数字信号变换成具有规律性或加强了规律性的数字信号，而信道译码则是利用这种规律性来鉴别信号是否发生错误或进而纠正错误。据此，可定义信道编码如下。

信道编码：按照一定规律将信息码元和监督码元编排在一起的过程或方法。

简言之，信道编码就是把原始信息码转换成另外一种具有监督功能的准传输码。比如，原始信息码 1100110、1010101 和 110100 通过信道编码形成具有偶校验功能的准传输码 11001100、10101010 和 1101001。其中下画线码元就是监督码元。

3.3.3 什么是差错控制方式

差错控制主要有前向纠错（FEC）、检错重发（ARQ）和混合纠错（HEC）三种方式。对应的系统如图 3-5 所示。

（1）**前向纠错**。前向纠错系统的发信端将信息码经信道编码后变成含有纠错信息的码，然后通过信道发送出去；收信端收到这些码字后，根据与发信端约定好的编码规则，通过译码自动发现并纠正因传输带来的数据错误。前向纠错方式只要求单向信道，因此适合于只能提供单向信道的场合和一点发送多点接收的广播方式。因为不需要给发信端反馈信息，所以接收信号的延时小、实时性好。这种系统的缺点是设备复杂且成本高。

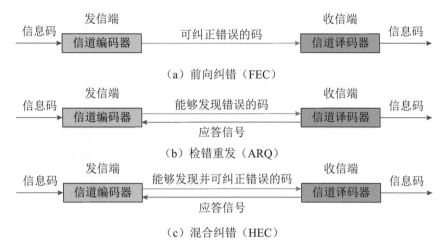

图 3-5 常用三种差错控制系统示意图

（2）**检错重发**。检错重发系统的发信端将信息码编成含有检错信息的码字发送到信道，收信端收到一个码字后进行检验，将有无错码的结果通过反向信道反馈给发信端作为应答。发信端根据收到的应答信号作出是继续发送新的数据还是把出错数据重发的决定。

（3）**混合纠错**。混合纠错系统是前向纠错系统与检错重发系统的结合。其内层采用 FEC，纠正部分差错；外层采用 ARQ，重传那些虽已检出但未纠正的差错。该纠错方式在实时性和译码复杂性方面是前向纠错和检错重发方式的折中。

3.3.4 结语

（1）差错是由噪声引起的。

（2）差错控制编码的目的是提高通信的可靠性。

（3）差错控制编码的本质是给信息码添加与其相关的冗余码元。

（4）差错控制编码是一种"消噪声"或"抗干扰"的"软"措施。

3.3.5 问答

🐣 蛋蛋 老师，可不可以这样说：差错就是错码？差错控制就是控制错码数量？

🐷 皮皮 嗯，概念清楚。可以。

问题 2

圆圆 老师，我觉得前向纠错最牛！可直接发现并纠正错码。但想起您说的"甘蔗没有两头甜"，我又觉得它一定有缺点，对吗？

皮皮 好！学会辩证地看问题了，它确实有缺点！仔细想想就会发现，能够实现前向纠错的码字所包含的差错信息量一定比较多，也就是信息码元之外的冗余码元比较多。因此，编码效率相对较低。后两种方式虽然多了反馈支路，增加了系统复杂度，但编码相对容易且效率较高。显然，实际中采用哪种方式，要视具体情况而定。

问题 3

静静 老师，能否用生活实例描述差错控制编码？

皮皮 可以。比如，要把一些易碎的物品（灯泡、鸡蛋等）从甲地运送到乙地，这些物品相当于信息，运送过程也就是通信过程。为了保证物品完好（信息完好），通常需要对物品进行必要的包装（增加冗余码）。包装可以降低物品在运送过程中的破损程度（信息的失真程度），却增加了成本和体积，降低了效率。显然，物品的完好要求与运送成本及效率是矛盾的。即差错控制编码可以提高通信的可靠性，却降低了效率，增加了成本。

蛋蛋 老师，那不同的包装形式是不是可以类比不同的编码形式？意味着可靠性和成本及效率的不同？

皮皮 是的。

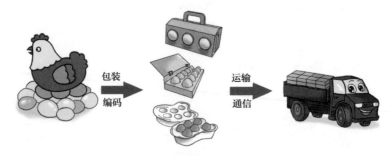

壮壮 老师，您刚才说信道编码模块形成的是一种"准传输码"，这是什么意思？

够细心的！我们已经讲过，通信过程有信源、信道和线路三个编码步骤。信源编码完成信息数据化任务，形成信息码。通常，通信系统不会直接传输信息码，而需要再进行信道编码，形成差错控制码，在物理上通常是具有高低电平的脉冲序列。理论上，通信系统可以传输差错控制码，不需要再进行线路编码了，但实际上，因为物理信道的不良特性会影响高低电平脉冲序列的传输，所以，必须再对这种不适合物理信道传输的脉冲序列进行"码型变换"，即线路编码，形成适合物理信道传输的信号码型（比如正负电平脉冲序列），也就是真正在通信系统传输的"传输码"。因此，作为"传输码"的基础，我将信道编码模块输出的差错控制编码称为"准传输码"。明白了吗？

壮壮 嗯，懂了，老师。

第 3.4 讲 如何进行差错控制

3.4.1 差错控制原理

假设发信端要发送一组具有四个状态的信息，比如四种天气：晴天、阴天、雨天、雪天，那么，首先要用 2 位二进制码对四种信息进行编码。一种可能的编码结果如表 3-1 所示。

表 3-1 2 位二进制编码表

发送信息	晴　天	阴　天	雨　天	雪　天
数据编码	00	01	10	11

若不经信道编码，在信道中直接传输表 3-1 中的 0、1 数字序列（基带信号），则在实际通信过程中很容易因干扰而引起误码，比如码字 00 变成 10 或 11 变成 00。此时，收信端只能根据接收到的数据 10 或 00 给出雨天或晴天的结果，从而产生错误信息。

显然，以这种编码规则得到的数字信号在传输过程中不具备检错和纠错的能力，即差错控制能力。问题的根源是 2 位二进制码的全部组合都是"信息码字"或"许用码字"，其中任何一位或两位发生错误都会引起歧义。简言之，就是信息码字没有冗余码元。为克服这一缺点，可在每个码字后面再加 1 位码元，变成 3 位新码字。这样，在 3 位码字的 8 种组合中只有 4 组是许用码字，其余 4 种被称为禁用码字。据此，新编码结果如表 3-2 所示。

表 3-2　3 位二进制编码表

数据信息	晴天	阴天	雨天	雪天	×	×	×	×
数据编码	000	011	101	110	001	010	100	111

在许用码字 000、011、101、110 中，右边加上的 1 位码元被称为"监督码元"，其加入原则是使码字中的 1 是偶数个，这样监督码元就与前 2 位信息码元产生了联系。这种编码方式被称为"偶校验"。反之，若加入原则是使码字中的 1 是奇数个，就是"奇校验"。

现在再看一下出现误码的情况。假设传送许用码字 000 时出现 1 位误码，变成 001、010 或 100 三个码字中的一个。从表 3-2 可见，这三个码字中 1 的个数都是奇数，是禁用码字。因此，当收信端收到它们其中任何一个时，就知道是误码，从而实现了检错功能。

那么，收信端能否从误码中判断哪一位发生了错误呢（纠错）？比如对误码 001 而言，如果是 1 位发生错误，原码可能是 000、101 或 011；如果 3 位都错，原码就是 110。显然，因为码字中没有更多的差错信息，人们无法判断出原码到底是哪一组。也就是说，通过增加 1 位监督码元，可以检出 1 位或 3 位错误，但无法纠正错误。

大家自然会问，能否通过增加监督码元位数来提高检错位数或实现纠错功能呢？比如在表 3-2 中再加 1 位监督码元变成 4 位码字（见表 3-3），情况会怎样？

假设编码原则仍然是偶校验。显然，检错 1 位和 3 位都可检出，但检错 2 位还不行（比如 0000 变成 1100）。另外，设误码为 1110（还按 1 位误码考虑），则可能的原码为 0110、1010、1100、1111 四个，而 0110、1010、1100 都是许用码字，因此也无法纠正 1 位错误。可见，简单地增加 1 位监督码元并没有提高编码的差错控制（检错与纠错）能力。

表 3-3　4 位二进制编码表

数据信息	晴天	阴天	雨天	雪天	×	×	×	×
数据编码	0000	0110	1010	1100	0001	0010	1000	1111
					0100	0111	1011	1101
					1110	1001	0101	0011

奇偶校验码是一种常用的差错控制编码。

假设要用偶校验方式传送单词 GOOD，那么，四组二进制码就会在发信端被编制成具有差错控制功能的新码组 1000111<u>0</u>-1001111<u>1</u>-1001111<u>1</u>-1000100<u>0</u>。其中下划线码元就是为了校验传输错误而添加的监督码元。当收信端收到其中一个 8 位码字后，先计算 1 的个数是不是偶数，若是，则认定该码字正确；若是奇数，则认定该码字发生了 1、3、5 或 7 位错误，通常认定发生了 1 位错误。再比如，图 3-1 中的信息码 00 被编码为奇校验码 001。

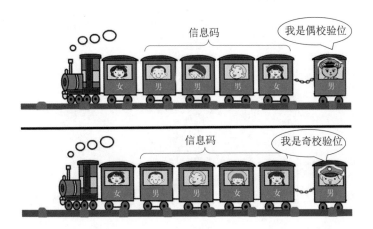

除了奇偶校验码外，差错控制编码还有很多种，但基本思路都是按一定规则在原始信息码中添加监督码元，使新码字既携带原始信息也携带差错信息，便于收信端发现或纠正错误。

信源编码和信道编码（偶校验）示意图如图 3-6 所示。

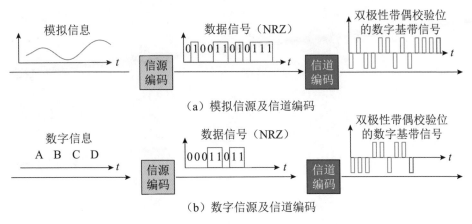

（a）模拟信源及信道编码

（b）数字信源及信道编码

图 3-6　信源编码和信道编码示意图

注意：图 3-6 中的信道编码模块包含了下面要讲的"线路编码"功能。

3.4.2 如何提高差错控制能力

那么，检/纠错能力到底与什么因素有关呢？在回答这个问题之前，先介绍两个术语。

汉明距离：两个码字中相同码位上码元不同的位数，也称汉明距，简称码距。

汉明重量：一个码字中非零码元的个数，简称码重。

比如，码字 100110 的码重为 3，0110 的码重为 2，码重反映一个码字中 1 和 0 的比重。

码距可表示码字之间的差异程度。比如，00 与 01 两个码字的码距为 1；011 与 100 的码距为 3。显然，多个码字相互比较，可能会出现不同的码距，其中的最小值被称为"最小码距"，用 d_{min} 表示。这样，表 3-3 中 4 个许用码字的最小码距就是 2。

研究表明，一种编码方式的检错和纠错能力大小与许用码字中的最小码距有关。

（1）在一个码字内要想检出 e 位误码，要求最小码距为

$$d_{min} \geq e+1 \qquad (3-1)$$

（2）在一个码字内要想纠正 t 位误码，要求最小码距为

$$d_{min} \geq 2t+1 \qquad (3-2)$$

（3）在一个码字内要想纠正 t 位误码，同时检测出 e 位误码（$e > t$），要求最小码距为

$$d_{min} \geq t+e+1 \ , \quad e>t \qquad (3-3)$$

假如发信端有码距为 4 的两个码字 0000 和 1111，则对式（3-1）可以这样理解：若发送码为 0000，接收码为 0001、0011 或 0111，显然可以断定接收码出现 1 位、2 位或 3 位错误，即码距为 4 的码字可检测出 3 位错误；用式（3-2）可以发现 0001 是错码并认定原码为 0000，即可纠正 1 位错误。但对 0011 不能纠正，因为无法断定原码是 0000 还是 1111；而对 0111，只能认定是 1 位错误，原码为 1111，而实际原码为 0000。因此，式（3-2）只能纠正 1 位错误，即 $t=1$。

所谓能纠正 t 位误码同时检测出 e 位误码的意思是指，当错码不超过 t 位时，错码能够自动纠正，当错码超过 t 位时，则不能纠正错误，但仍可检测出 e 位误码。而这正是混合检错纠错的控制方式。

比如，上例按式（3-3）可知，能够纠正 1 位错误（$t=1$），若收到 0100，可自动将 1 变为 0；当收到 1100 时，则无法纠正，但仍可发现有 2 位错误（$e=2$）；当收到 1101 时，只能按 1 位错误纠正为 1111，而不能判定为 3 位错误并纠正为 0000。

有了上述结论，就知道表 3-3 与表 3-2 中的编码检错和纠错能力之所以一样，是因为它们的最小码距都是 2。

3.4.3　结语

（1）要提高编码的差错控制能力，首先要增加编码冗余度，进而要加大最小码距。

（2）最小码距与冗余度有关。最小码距增大，冗余度肯定增大；但冗余度增大，最小码距不一定增大。

（3）一种编码方式具有差错控制能力的必要条件是必须有冗余，而检错和纠错能力的大小由最小码距决定。

3.4.4　问答

问题 1 ?

🐼 圆圆 老师，奇偶校验法可以发现 1 位或 3 位错误码字，为什么无法检出 2 位错误？

🐵 皮皮 你仔细想想，如果一个码字出现 2 位错误，其奇偶性变不变？不变吧。因此，奇偶校验法无法检出偶数位错误。

问题 2 ?

🐼 静静 老师，码重有什么用呢？

🐵 皮皮 下次会讲到它的用途。

第 3.5 讲　如何实现差错控制编码

大家已经知道，要想进行差错控制，就需要编制有冗余码元的码字。那么，具体如何给一组信息码字添加冗余码元呢？或者说，如何实现差错控制编码呢？

一种常用的差错控制编码是线性分组码。这节课就讲讲如何构造线性分组码。

3.5.1　什么是线性分组码

对于信源输出的 2^k 个离散消息，信源编码器可以用 k 位二进制码对它们进行编码，形成 2^k 个具有 k 位码元的信息码字，通常用矩阵 D 表示。若在每个 k 位信息码字后面添加 m 位监督码元，就会形成 2^k 个 n 位码字（$n=k+m$）。因此，可定

义分组码如下。

分组码：每个信息码字附加若干位监督码元后所得到的码字集合，通常用矩阵 C 表示。

若分组码中的信息码元与监督码元满足一组线性方程的话，则称其为"线性分组码"。通常，把长度为 n，有 2^k 个码字的线性分组码称为"线性（n，k）码"或"（n，k）线性码"。

设有一（n，k）线性分组码 $c_1,c_2,\cdots,c_n$；其中信息码字为 $d_1,d_2,\cdots,d_k$，则分组码码字格式见图3-7。具有这种结构的线性分组码又被称为"线性分组系统码"。

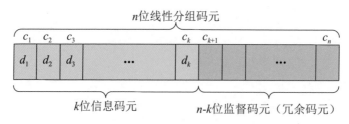

图 3-7 线性分组系统码格式

3.5.2 如何实现线性分组码编码

可以推导出信息码矩阵和分组码矩阵满足如下关系

$$C=D\cdot G \tag{3-4}$$

式中，G 被称为生成矩阵，是一个 $k\times n$ 阶矩阵，具体形式为

$$G=\begin{bmatrix} 1 & 0 & 0 & \cdots & 0 & h_{11} & h_{21} & \cdots & h_{m1} \\ 0 & 1 & 0 & \cdots & 0 & h_{12} & h_{22} & \cdots & h_{m2} \\ \vdots & \vdots & \vdots & & \vdots & \vdots & \vdots & & \vdots \\ 0 & 0 & 0 & \cdots & 1 & h_{1k} & h_{2k} & \cdots & h_{mk} \end{bmatrix}$$

该矩阵又可分解为两个子矩阵

$$G=\begin{bmatrix} 1 & 0 & 0 & \cdots & 0 & h_{11} & h_{21} & \cdots & h_{m1} \\ 0 & 1 & 0 & \cdots & 0 & h_{12} & h_{22} & \cdots & h_{m2} \\ \vdots & \vdots & \vdots & & \vdots & \vdots & \vdots & & \vdots \\ 0 & 0 & 0 & \cdots & 1 & h_{1k} & h_{2k} & \cdots & h_{mk} \end{bmatrix}=\begin{bmatrix} I_k & Q \end{bmatrix} \tag{3-5}$$

式中，I_k 是 $k\times k$ 阶单位阵，Q 为 $k\times m$ 阶矩阵，即

$$I_k=\begin{bmatrix} 1 & 0 & 0 & \cdots & 0 \\ 0 & 1 & 0 & \cdots & 0 \\ \vdots & \vdots & \vdots & & \vdots \\ 0 & 0 & 0 & \cdots & 1 \end{bmatrix}, \quad Q=\begin{bmatrix} h_{11} & h_{12} & \cdots & h_{m1} \\ h_{21} & h_{22} & \cdots & h_{m2} \\ \vdots & \vdots & & \vdots \\ h_{1k} & h_{2k} & \cdots & h_{mk} \end{bmatrix}$$

这样，分组码 C 又可表示为

$$C=D[I_k \quad Q] \tag{3-6}$$

需要说明的是，上述各式中的 C 和 D 可以是由一个码字构成的行向量，也可以是由 2^k 个行向量构成的 $2^k \times n$ 阶分组码矩阵或 $2^k \times k$ 阶信息码矩阵。

由以上三式可知，编码前的信息码字共有 2^k 种组合，而编码后的码字在 k 位信息码元之外还附加了 m 位校验码元，共有 2^n 种组合，显然， $2^n > 2^k$ ，这就是说， C 与 D 的对应关系不是唯一的。因此，选择适当的矩阵 Q ，就可得到既具有较强的检错或纠错能力，实现方法又比较简单且编码效率较高的一种线性分组码。

综上所述，若给定一组信息码并用矩阵 D 表示，然后将其与一个生成矩阵 G 相乘，所得到的积矩阵就是具有一定差错控制能力的线性分组码 C 。

因为生成矩阵 G 不只一个，所以，编码工作就是寻找或设计一个性能好的 G 矩阵。

注意：具有 $[I_k \quad Q]$ 形式的生成矩阵被称为典型生成矩阵，这是常用的生成矩阵，由它产生的线性分组码是系统码。不是 $[I_k \quad Q]$ 形式的生成矩阵被称为非典型生成矩阵。

3.5.3 结语

（1）差错控制编码的基本思想是要用数学方法将信息码与监督码联系起来。

（2）差错控制编码的代价是编码效率降低。

（3）编码效率与可靠性是一对矛盾。实际中，需要综合考虑，寻求平衡。

3.5.4 问答

问题 1

🤓 蛋蛋 老师，您前面说："选择适当的矩阵 Q "，后面又说："寻找或设计一个性能好的 G 矩阵"，是不是口误呀？

😈 皮皮 嗯，听课认真！没有说错！因为 G 矩阵由 Q 阵和单位阵 I_k 构成，而单位阵已知，所以，选择、寻找或设计 Q 矩阵也就是选择、寻找或设计 G 矩阵。

问题 2

😀 壮壮 老师，那如何知道分组码 C 的差错控制能力呢？

😈 皮皮 哈哈，这时候"码重"闪亮登场。它说：数一数每个分组码字的码重

（全零码字除外），其中最小值就是最小码距，这样，分组码的差错控制能力是不是就知道啦？

🐵壮壮 对对对，把最小码距代入式（3-1）~式（3-3）中即可。

🐶皮皮 下面我用一个例题说明这个问题。

【例题3-1】已知线性（6，3）分组码的两个生成矩阵分别为

$$G_1 = \begin{bmatrix} 1 & 0 & 1 & 0 & 1 & 1 \\ 1 & 1 & 0 & 1 & 0 & 1 \\ 1 & 1 & 1 & 0 & 0 & 0 \end{bmatrix}, \quad G_2 = \begin{bmatrix} 1 & 0 & 0 & 1 & 1 & 0 \\ 0 & 1 & 0 & 0 & 1 & 1 \\ 0 & 0 & 1 & 1 & 0 & 1 \end{bmatrix}$$

求：两组线性分组码及其差错控制能力。

【解】因为 $k=3$，所以信息码矩阵（3×8 阶）为

$$D = \begin{bmatrix} 0 & 0 & 0 \\ 0 & 0 & 1 \\ 0 & 1 & 0 \\ 0 & 1 & 1 \\ 1 & 0 & 0 \\ 1 & 0 & 1 \\ 1 & 1 & 0 \\ 1 & 1 & 1 \end{bmatrix}$$

则由式（3-4）可得出两组分组码矩阵分别为

$$C_1 = \begin{bmatrix} 0 & 0 & 0 & 0 & 0 & 0 \\ 1 & 1 & 1 & 0 & 0 & 0 \\ 1 & 1 & 0 & 1 & 0 & 1 \\ 0 & 0 & 1 & 1 & 0 & 1 \\ 1 & 0 & 1 & 0 & 1 & 1 \\ 0 & 1 & 0 & 0 & 1 & 1 \\ 0 & 1 & 1 & 1 & 1 & 0 \\ 1 & 0 & 0 & 1 & 1 & 0 \end{bmatrix}, \quad C_2 = \begin{bmatrix} 0 & 0 & 0 & 0 & 0 & 0 \\ 0 & 0 & 1 & 1 & 0 & 1 \\ 0 & 1 & 0 & 0 & 1 & 1 \\ 0 & 1 & 1 & 1 & 1 & 0 \\ 1 & 0 & 0 & 1 & 1 & 0 \\ 1 & 0 & 1 & 0 & 1 & 1 \\ 1 & 1 & 0 & 1 & 0 & 1 \\ 1 & 1 & 1 & 0 & 0 & 0 \end{bmatrix}$$

可见，分组码 C_1 的前3位与信息码不完全相同，是非系统码；而分组码 C_2

的前 3 位与信息码完全相同，是系统码。

不考虑全零码，则 C_1 和 C_2 的最小码重都为 3，即最小码距 $d_{\min}=3$。

根据式（3-1）～式（3-3）可知两组分组码都能检 2 位错，纠 1 位错，但不能同时纠 1 位错检 1 位错。

圆圆 老师，我发现个问题。既然 C_1 和 C_2 的差错控制能力一样，那该如何选择呢？

皮皮 嗯，通常选系统码。因为系统码的编码系统比较简单。

第 3.6 讲　如何实现差错控制译码

根据前面的内容大家知道，发信端利用生成矩阵 G 对信息码 D 进行编码，形成具有一定差错控制能力的线性分组码 C 后，就可以通过信道发送给信宿了。那么，收信端收到含有错码的分组码后，如何把正确的信息码解析出来呢？也就是如何译码呢？

3.6.1　译码原理

从式（3-6）可得

$$C = D[I_k \ Q] = [D \ DQ] = [D \ C_m] \tag{3-7}$$

$$C_m = DQ \tag{3-8}$$

式中，C_m 是 $k \times m$ 阶监督码元矩阵。

式（3-8）两边模二加 C_m，可得 $0 = DQ \oplus C_m$。该式可变为矩阵相乘形式

$$\begin{bmatrix} D & C_m \end{bmatrix} \cdot \begin{bmatrix} Q \\ I_m \end{bmatrix} = 0 \tag{3-9}$$

令 $H^{\mathrm{T}} = \begin{bmatrix} Q \\ I_m \end{bmatrix}$，则有 $H = \begin{bmatrix} Q^{\mathrm{T}} & I_m \end{bmatrix}$。其中 Q^{T} 是 $m \times k$ 阶矩阵，可用 P 表示

$$P = Q^{\mathrm{T}} \ \text{或} \ Q = P^{\mathrm{T}} \tag{3-10}$$

则有

$$H = \begin{bmatrix} P & I_m \end{bmatrix} \tag{3-11}$$

通常，把 H 称为"一致校验矩阵"或"一致监督矩阵"。具有 $[P\ I_m]$ 形式的 H 矩阵称为典型形式的监督矩阵，由此矩阵和信息码元矩阵很容易算出监督码元矩阵。

比较式（3-5）与式（3-11）可见，借助式（3-10）可由校验矩阵 H 求得生成矩阵 G，反之亦然。

将式（3-7）和 H^{T} 代入式（3-9）可得

$$CH^{\mathrm{T}} = 0 \tag{3-12}$$

该式说明分组码矩阵 C 与校验矩阵 H 的转置相乘，其结果为 m 位零向量。设收信端接收码字为 R，将 R 代入式（3-12）计算，若计算结果为零，说明没有错码，即 $R = C$。可见，校验矩阵能够检测接收码字的正确性，"校验"之名由此而来。

可以推导出校验矩阵 H 与生成矩阵 G 满足

$$GH^{\mathrm{T}} = HG^{\mathrm{T}} = 0 \tag{3-13}$$

设行向量 $R = [r_1\ r_2\ r_3 \cdots r_n]$ 是收信端收到的码字，因信道干扰产生了误码，故接收向量 R 与发送向量 C 相比就会有差别。若用向量 $E = [e_1\ e_2\ e_3 \cdots e_n]$ 表示这种差别，则有

$$E = R + C \tag{3-14}$$

这里的 + 号等同于 $\oplus$。若 R 中的某一位 r_i 与 C 中的相同位 c_i 一样时，E 中的 $e_i = 0$；若不一样（出现误码），则 $e_i = 1$。可见向量 E 能够反映误码情况，因此，被称为"错误图样"。比如，发送向量 $C = [11011001]$，而接收向量 $R = [10001011]$，显然，R 中有 3 个错误，由式（3-14）可得错误图样 $E = [01010010]$。可见，E 的码重就是误码的个数，因此，希望 E 的码重越小越好。

式（3-14）也可写为

$$R = E + C \tag{3-15}$$

定义矩阵 S 为 R 的伴随式

$$S = RH^{\mathrm{T}} \tag{3-16}$$

则由式（3-12）、式（3-15）和式（3-16）得

$$S = (E + C)H^{\mathrm{T}} = EH^{\mathrm{T}} + CH^{\mathrm{T}} = EH^{\mathrm{T}} \tag{3-17}$$

式（3-17）表明伴随式 S 只与错误图样 E 有关而和发送码字无关。

当通信双方确定了信道编码采用分组码后，生成矩阵 G 和监督矩阵 H 也就随之而定。对于收信端而言，它可以知道生成矩阵 G、监督矩阵 H 以及接收到的行向量 R。

为了译码，收信端先利用式（3-16）求出伴随式 S，然后利用式（3-17）解出

错误图样 **E**，最后根据式（3-14）或式（3-15）解出发送码字 **C**。收信端解出了 **C** 码，也就解出了 **D** 码，因为 **C** 码的前 k 位码就是 **D** 码。图 3-8 给出了编码与译码原理。

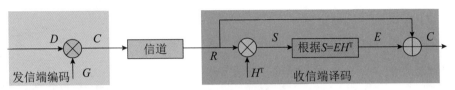

图 3-8　线性分组码编码和译码原理图

需要说明的是，上述步骤仅仅是概念上的解释，具体方法是比较麻烦的。因为对于一个伴随式 **S**，有 2^k 个错误图样与之对应，需要译码器通过译码表确定其中一个真正的错误图样代入式（3-14），才能求解正确码字。

3.6.2　结语

（1）译码是编码的逆过程，在数字 / 数据通信系统中不可或缺。

（2）差错控制编码与译码之间的协议其实就是生成矩阵 **G**。

3.6.3　问答

皮皮 这节课内容比较抽象，不容易理解，大家课下要仔细琢磨。

问题 1❓

🐣蛋蛋 老师，向量或矩阵 **E** 为什么叫"错误图样"而不叫错误向量或矩阵呢？

🐵皮皮 我理解的原因是，向量或矩阵 **E** 用元素 1 表示错误位，用 0 表示正确位，那么，从向量或矩阵形式，尤其是矩阵形式很容易联想到一个由 0 和 1 组成的图形，因此，叫"图样"比叫"矩阵"更形象、更容易理解。当然，叫"错误向量"或"错误矩阵"也没错。

问题 2 ❓

🐷壮壮 老师，什么是"模二加"？也就是符号 ⊕ 是什么意思？

🐷皮皮 两个二进制数按位相加时，若两位相同，得0；若两位相异，得1。比如："1加1"和"0加0"都得0；"1加0"和"0加1"都得1。

🐷壮壮 那是不是与正、负数乘法中的"相同为正""相异为负"的概念一样呢？

🐷皮皮 嗯，不错。模二加运算可以总结为"相同为零""相异为一"。

第 3.7 讲　什么是线路编码

在数字基带通信系统中还存在一种被称为线路编码或码型变换的编码任务或步骤。

线路编码：把不适合信道传输的数字信号码型变换为适合信道传输的码型的过程或方法。

用交通系统类比的话，线路编码相当于把小轿车换为越野车。

我们认为线路编码无论从实施位置上还是目的上都与差错控制编码相似，可以归为信道编码范畴，成为信道编码的一部分。但目前，大多数人还是认为信道编码就只是差错控制编码。

3.7.1　什么是数字基带通信

将一串 M 进制信息码直接用某种电脉冲序列表示，就形成了数字基带信号。例如用幅度为 A 的矩形脉冲（高电平）表示数字1，用幅度为0的矩形脉冲（低电平）表示数字 0，就形成了具有高、低两种电平状态的二进制数字基带信号。因此，其定义如下。

数字基带信号：可以携带二（多）进制数据且不经过调制处理的电脉冲序列。

常见的数字基带信号可以是模拟信号经过 ADC 后形成的编码信号，也可以是来自数据终端设备（比如计算机）的原始数据信号，且多以二进制码的形式出现。比如，计算机与键盘、打印机、显示器等外设之间的通信信号以及局域网中传输的信号。

图 3-9 给出了数字基带信号和数字基带通信系统实例。因此，可以这么说，完成数字基带信号传输的系统就是数字基带通信系统。如果用交通实例类比的话，"人拉肩扛"的货物搬运过程就是基带传输过程。

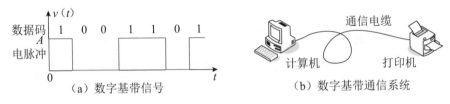

（a）数字基带信号　　　　　（b）数字基带通信系统

图 3-9　数字基带信号及基带通信实例

大家知道，不同道路对行驶车辆的类型可能会有不同要求，或者说，不同类型的车辆对道路的适用性会有所不同，比如，小轿车适合宽阔平坦的公路，而越野车适合狭窄崎岖的山路。与此类似，为了保证传输质量，对于数字基带通信系统，不但可以设计信道以适合给定的信号，还可以通过改变基带信号波形以匹配给定的信道。

3.7.2　什么是码元码型及码型变换

（1）**码元码型**：一个码元的电脉冲表现形式。主要有正 / 负极性矩形脉冲、归零 / 不归零矩形脉冲、高 / 低电平矩形脉冲等。

（2）**线路码型**：适合在有线信道中传输的码元码型称为线路码型。

（3）**码型变换**：把某种码元码型变换成另一种码元（线路）码型的过程称为线路编码或码型变换。比如，将单极性码变为双极性码就是一种常见的码型变换。

形象地说，若数据为货物，则装数据的容器就是码元，码型就是容器形状。比如，把书包变为拉杆箱就是码型变换。

如果不强调调制概念的话，车型也可类比码型，不同车型适合不同道路。轿车可认为是高速性码型（但可靠性差），越野车可认为是高可靠性码型（但速度低）。

3.7.3　为什么要码型变换

通常，信源或信道编码模块输出的基带信号多是用高电平表示 1、低电平表示 0 的单极性脉冲序列。这种基带信号因码型（长相）不满足传输要求，所以不适合在大多数信道中传输，即存在码型与信道不匹配问题。比如：

（1）因为码型包含直流分量或低频分量，所以，对于用电容耦合或者传输频带低端受限的信道，信号可能传不过去。

（2）对于连 0 或连 1 数据，这种信号会出现长时间不变的低或高电平，以致收信端无法从接收到的信号中获取定时（同步）信息并产生误码。

（3）收信端无法从这种基带信号中判断是否有误码。

因此，为解决上述及其他问题，需要寻求传输性能较好的线路码型（传输码），以替换各种不适合信道传输的基带信号，即要进行码型变换。显然，码型变换的主要目的是提高通信系统的可靠性。

3.7.4　几种典型的码型变换

1. 单极性不归零码变换为双极性不归零码

用高电平和低电平（零电平）两种码元分别表示二进制数据 1 和 0 且在整个码元期间电平保持不变的码型被称为"单极性不归零码"，记作 NRZ，见图 3-10（a）。

很多终端设备因为都有一个 0 电位输出端而输出单极性码，所以，单极性码既是一种常见的实用码型，也是一种常用于理论研究的最简单码型。

前面说过，NRZ 码不适合在大多数信道中传输。为改善传输特性，可将其零电平脉冲变为负脉冲，即可形成双极性不归零码，见图 3-10（b）。该码在 1 和 0 等概率出现时无直流成分且有较强的抗干扰能力，故可在电容耦合信道中传输。

2. 单极性不归零码变换为单极性归零码

将单极性不归零码的高电平脉冲变为在整个码元期间 T_B 内高电平只持续一段时间 τ，而其余时间返回到零电平的脉冲，即可得到单极性归零码，记作 RZ 码，见图 3-10（c）。τ/T_B 被称为"占空比"。这种码可以直接提取到同步信息。

3. 单极性不归零码变换为双极性归零码

用正、负极性的归零码分别表示 1 和 0，就得到双极性归零码，如图 3-10（d）所示。这种码兼有双极性和归零码的特点。

综上所述，单极性码有丰富的低频乃至直流分量，不能用于有电容耦合的信道；当数据中出现长 1 串或长 0 串时，不归零码（包括单极性归零码在出现连续 0 时）会呈现连续的固定电平，没有定时信息；另外，这些码型还有一个共同问题，即数据 1 和 0 分别对应两个传输电平，相邻码元取值独立，没有制约，故不具有检错能力，它们也因此被称为"绝对码"。

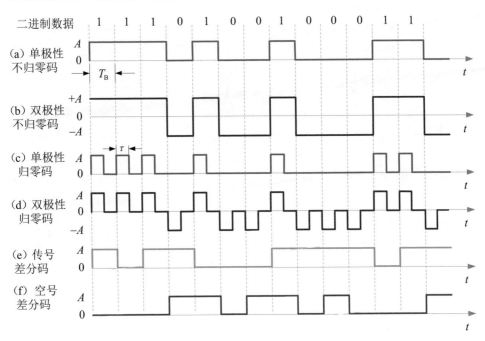

图 3-10　几种常用的二元码码型

4. 绝对码变换为相对码

与绝对码不同，在相对码（差分码）中，1 和 0 分别用电平的跳变或不变来表示。比如，用电平跳变表示 1、不变表示 0 的传号差分码；用电平跳变表示 0、不变表示 1 的空号差分码，见图 3-10（e）和图 3-10（f）。

这种码型的数据 1 和 0 不直接对应具体的电平幅度，而是用电平的相对变化来表示，其优点是数据存于电平的变化之中，可有效地解决 PSK 同步解调时因收信端本地载波相位倒置而引起的 1 与 0 倒换问题，因此，得到广泛应用。

3.7.5　结语

（1）线路编码的主要目的是让数字信号与信道特性匹配，从而提高通信的可靠性。

（2）线路编码的主要手段是改变码元脉冲形式或码型，即码型变换。

（3）差分码的信息被赋予在电平的变化中！这个概念很重要。

3.7.6　问答

皮皮　静静，你总结一下单极性、双极性、归零码的优点。

静静　单极性码的主要优点是简单且容易实现。双极性码的主要优点是无直流分量。归零码的主要优点是包含同步（定时）信息。

皮皮　正确！

蛋蛋　老师，单极性不归零码是理论分析的常用码型，那它是否可用于实际通信场合呢？

皮皮　可以。在计算机类设备内部或短距离通信场合还是经常可以看到它的身影。比如，大家常用的各种 USB 通信设备（见图 3-11），就是利用两路 NRZ 码构成差分传输系统。

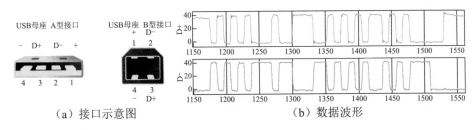

（a）接口示意图　　　　　　　　（b）数据波形

图 3-11　USB 接口及数据波形

问题3？

🐧圆圆 老师，这里的同步概念如何理解？

🐼皮皮 别急，我们在第 4 章会详细介绍的。

问题4？

🐼壮壮 老师，你刚才讲的这几个码型都没有检错能力对吗？什么码型有呢？

🐼皮皮 是的，上述几个码型都没有检错能力。有一种叫作"传号反转码"或"CMI 码"的码型具有一定的检错能力。你有兴趣的话，可以看看我写的《通信原理与通信技术》和《通信原理教程》或其他图书。

问题5？

🐼皮皮 圆圆，我们已经了解了三种编码模块的功能，你能否在此基础上讲讲三种模块在编码效率上的差异呢？

🐧圆圆 这个问题有点难。按照您对通信的讲述思路，我以交通事件为例试试。

（1）信源编码就像把一堆货物（数据）拆分打包为很多小包裹然后装车（码元）。其基本指标应该是用尽量少的车（码元）装尽量多的货（数据），即编码效率要高。

（2）信道编码的目的是信息的准确可靠，其基本指标应该是可靠性要高，可类比为货车保驾护航，提高运输安全性。因此，除了"主角儿"货车（信息）外，应该配备开道车、救援车、油车和保镖押运车等（类比监督码元）。安全性要求越高（应付危机情况越多），配备的附属车辆就越多，编码效率就越低。

显然，信源编码要用尽量少的码元携带尽量多的数据，提高编码效率。信道编码要用较多的码元消除误码，提高通信可靠性。简言之，信源编码要"减负"，信道编码要加负。

（3）从原理上看，线路编码用于改变信道编码模块输出的码元形式，与编码效率好像关系不大。

皮皮 很好！继续努力！

第 4 章
数据通信

第 4.1 讲　什么是同步

"同步"（也可称为"定时"）是通信过程中，尤其是数字 / 数据通信过程中一个不可或缺的步骤，是数字 / 数据通信系统及一些采用相干解调的模拟通信系统中需要解决的一个重要问题，是保证通信可靠性和准确性的一种关键技术，也是通信原理中的一个基本概念。

4.1.1　同步的概念

在通信领域，同步的定义如下。

同步：使通信双方或多方在通信过程中能够在时间上保持步调一致的过程或方法。

生活中的同步实例有不少，比如杂技节目"扔盘子"，就需要扔盘子的演员和接盘子的演员在动作上严格保持同步才能完成；"跳绳"也是一个需要手脚同频动作的运动；军队的队列行进也需要用口令"一、二、一"统一步调。

显然，如果通信过程中出现失步现象，"戏"就演砸了。

可见，同步是保证通信系统有序、准确、可靠地传输或交换信息的前提。同步模块性能的好坏将直接影响通信系统的通信质量。因此，同步技术是实现数字 / 数据通信的关键所在，也是本课程的主要内容之一。

4.1.2 同步的目的

在通信过程中保持同步的主要目的有两个。

（1）**正确解调原始信号**。例如，对 2PSK、DSB、SSB 等信号进行相干（同步）解调时，都需要在收信端产生一个同步载波（本地载波）。

注意：这里的同步指收信端要产生一个与发信端载波同频、同相的载波（本地载波）。

可以用一个交通实例类比同步解调过程。比如一列客运火车在中途过站时不停顿，而是飞驰而过，那么如何使乘客下车呢？可以在中途站也开出一辆同向同速的接客火车与运客火车并行，乘客即可转移到接客车上，然后接客火车停下来，从而完成下客任务。如果失步，解调将无法完成，通信任务也就失败了。

（2）**正确接收码元、码字和数据帧（包）**。在数字／数据通信系统（无论是基带还是调制系统）的接收机中，因为接收的信号都是数字信号（多是具有高、低电平的码元序列），所以都需要利用一个位定时脉冲序列对接收到的码元序列进行抽样判决，实现"位同步"，保证接收序列与发送序列在时间上的一致性；在位同步基础上，还需要进行群（帧）同步，以正确区分每一码字、群（帧）的起止时刻，保证数据的正确性和完整性；此外，在有多个用户的通信网内，还必须实现网同步，以保证网内各用户之间可靠地进行数据传输和交换。

简言之，**同步的目的就是要保证通信过程的准确无误**。

如果失步，携带在数字信号中的信息将无法正确解读。

4.1.3 同步的方法

（1）**载波同步**：指相干解调器获取本地载波的过程或方法，又称为"载波提取"。主要有外同步和自同步两种实现方法。

外同步法：由发信端发送专门的同步信号（也称为导频信号），收信端把这个导频信号提取出来作为同步信号。

自同步法：收信端从接收信号中直接提取同步信号或信息的方法。与外同步法相比，自同步是比较理想的同步方法，因为它不需要发信端额外发送导频信号，所以可把发送功率和带宽全部分配给有用信号的传输。

这种方法需要在接收端设置一个载波恢复或提取电路，利用硬件从接收信号中提取载波。比如在 ASK、PSK、FSK 解调中所使用的平方环和科斯塔斯环等。

（2）**位同步**：指数字系统收信端获取码元定时脉冲序列的过程或方法，又称为"位定时"或"码元同步"。

数字信号的基本构成是"位"或"码元"。为正确恢复发信端发送的码元序列，收信端需要知道每个码元的起止时刻，以便在恰当的时刻对码元进行抽样判决。这就要求收信端必须产生一个位定时脉冲序列（频率和相位与发送码元一致）才能正确恢复码元序列。

（3）**群同步**：指收信端产生与发信端的数据组、帧或群的起止时刻相一致的定时脉冲序列的过程或方法。群同步是字同步、分路同步和帧同步的统称。

在数字通信中，信息码（数据）是以"分组""帧"或"包"的形式传输的，即信码流（携带信息的二进制脉冲序列）是被组织成一个个包含规定比特数的脉冲群进行传输的。因此，在接收这些数字信息时，必须知道每个群的起止时刻，否则，收信端就无法正确恢复信息。例如，在PCM30/32电话系统中，各路信码都安排在指定的时隙内传送（形成帧结构）并且周期性地在TS_0（同步时隙）插入一组特殊比特作为每帧的起止标记，收信端若能识别出这一标志，就可实现帧同步。

若用交通类比的话，位同步相当于正确识别每节车皮（车厢），不能把发送的第二节车皮，在接收站判为第三节。群同步是对多列火车的正确识别，对连续发送出的4列火车，接收站就必须准确判断或识别出这4列火车各自的头部和尾部，不能出现混淆，即不能把前一列车的后面几节车皮和后一列车的前面几节判断成一列火车或根本识别不出来。

比如，你站在铁路边上，能正确数出刚才过去的一列火车有几个车皮，就实现了位同步；能正确数出头尾相连的几列火车的列数，就实现了群同步。

（4）**网同步**：指在通信网中保证多用户之间通信过程"步调一致"的过程或方法。

有了位同步和群同步，即可保证"点到点"数字基带通信过程的准确可靠。而获得了载波同步、位同步和群同步之后，"点到点"数字调制通信过程就可以有序、准确、可靠地进行了。但对于"多点到多点"的信息交换过程，即"网通信"而言，还必须实现网同步才能保证通信过程的准确和可靠。

具体地说，网同步是指通信网的时钟同步。一个数字通信网由许多交换局、复接设备、连接线路和终端机构成。为了保证各种不同数码率的数据流在同一通信网中进行正确的交换、复接、传输和接收，就必须使网内各节点的时钟频率与相位相互协调一致。

网同步可认为是全国铁路网必须统一时间、统一调度，这样才不至于出现铁路闲置问题或撞车事故。

上述四种同步方法之间的关系图见图 4-1。

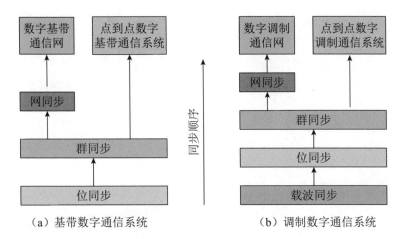

（a）基带数字通信系统   （b）调制数字通信系统

图 4-1   各种同步方法之间的关系图

虽然同步信号本身不包含人们所要传送的信息，但只有收、发信两端建立了同步机制后才能开始传送信息。如果出现同步误差或失步，就会导致通信系统性能下降或通信中断。因此，同步系统应具有比信息传输系统更高的可靠性和质量指标才行，比如同步误差要小、相位抖动要小、同步建立时间要短和同步保持时间要长等。

同步任务的完成要基于同步信息或信号的产生和获取。发信端要设法将同步信息或信号直接发送或添加到欲传输的数据信号中去，而收信端则要设法接收或从接收到的数据信号中提取同步信息或信号。因此，同步技术的关键是产生、传输和提取同步信号或信息。

4.1.4　结语

（1）同步既是一种电路工作状态，也是一种信号处理技术。

（2）同步涉及的对象或元素个数必须大于或等于二。简言之，同步是一种"群动作"。

（3）同步的本质是"同时"！

（4）同步是数字/数据通信系统的"生命线"。甚至可以说，"不同步，无通信"！

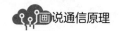

4.1.5　问答

问题 1 ?

🐰壮壮 老师，按您的口头禅"甘蔗没有两头甜"说的话，同步应该也有弊端吧？

🐧皮皮 哈哈，问得好！生活中，假如一队士兵正步走通过小桥，也就是同步过桥，则很有可能产生"共振"，导致桥梁坍塌！因此，人群过桥必须"乱步走"是一个常识。

问题 2 ?

🐰静静 那在通信技术中，保证同步会有什么弊端呢？

🐧皮皮 通常，设备会更复杂，成本会更高，效率会更低。比如，在发、收信端之间要设计专用信道或方法传输同步信号；在传输码流中要专门设置同步位或字节；在收信端要设法提取同步信号或信息。

问题 3 ?

🐰蛋蛋 老师，我觉得同步的主要内容在数据通信中，或者说，我们主要学习数据通信的同步方法即可，对吗？

🐧皮皮 可以这样认为，因为当前的通信系统多是数据通信系统。

第 4.2 讲　什么是数据通信

传统的"通信原理"教材只讲模拟通信和数字通信技术的基本原理，主要内容可用"调制、解调、编码、译码、同步"十个字概括。而目前网络通信技术大行其道，其核心内容却是"数据通信技术"。那么，什么是数据通信？它与模拟和数字通信技术有何区别？

4.2.1　什么是数据信号

从本质上讲，数据是客观事物属性的记录表示形式，通常由数量有限的符号集构成，比如文字、阿拉伯数字、英文 26 个字母等。

从计算机角度看，数据是能够由计算机类设备进行处理并可以某种方式编制成二进制码（多进制码）的数字、字母或符号的集合。

从通信的角度看，数据是消息的一种表现形式，是信息的一种"形式载体"。

数据虽然携带信息，但还不能用于实际通信，必须为其再提供一个物理载体，这个载体就是数据信号。在通信领域，其定义如下。

数据信号：用参量的两个或多个状态携带 0、1 数据码的电脉冲序列。

这里的参量状态，可以是电压（电平）值、频率值和相位值。最常见的数据信号是用高、低电平两个幅度状态分别携带数据 1 和 0 的电脉冲序列。

数据信号在形式上是由计算机类数字终端设备产生的二进制或多进制电脉冲序列，即数字信号，但其携带的消息是经过编码的数字、符号或字母的集合，即数据。因此，可以说数据信号就是携带数据的数字信号。

数字信号强调的是信号变化特性（取值离散且个数有限），即信号的外在表现形式（长相）；而数据信号体现的是信号携带的消息属性，也就是数字信号的内涵。

因此，可以总结如下。

（1）数字信号和数据信号在物理表现形式上是一样的，即"长相"一样。

（2）数字信号告诉人们的是"信号的变化特性"。数据信号告诉人们的是"信号携带的消息形式"。

（3）数字信号是去掉信息的数据信号。数据信号是携带编码的数字信号。

4.2.2 什么是数据通信

通过前面的学习可知，信息可被"放入"数据，数据可被"放入"信号。那么，携带数据的"数据信号"就可被"放入"通信系统，即可以进行"数据通信"了。因此，数据通信的定义如下。

数据通信：通信双方（或多方）按照一定协议（或规程），以数字（基带或调制）信号为数据载体，完成信息传输的过程或方法。

简言之，利用数据信号进行的信息传输过程或方法就是"数据通信"。

因为现代数据通信技术与计算机和计算机网络密不可分，所以，数据通信也可认为是计算机通信或计算机网络通信。

最早的电通信系统是摩尔斯发明的电报系统。因为电报系统传输的是基于摩尔斯码的"嘀""嗒"电脉冲串，而摩尔斯码其实就是一种信息编码协议，所以，电报系统可认为是数据通信系统的"鼻祖"。但电报系统在信号传输过程中不需要协议，因此，从信号传输的角度看，它也是最早的数字通信系统。显然，可以说：

（1）数据通信以数字通信为基础。或者说，数据通信是数字通信的升级和扩展。

（2）数字通信侧重信号传输，而数据通信强调信息传输。

（3）数据通信可划分为"数字通信"和"协议转换"或"信号传输"和"信息传输"两层体系结构，如图4-2所示。

（4）简言之，数据通信 = 数字通信 + 协议转换。

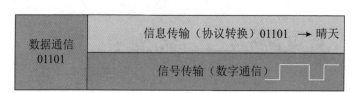

图4-2　数据通信与数字通信关系图

4.2.3 什么是协议

通信协议（规程）指为了能有效和可靠地进行通信而制定的通信各方必须共同遵守的一组规则，它包括交换信息的含义、格式、节拍、过程间的连接以及对信号的要求等。

数据通信离不开计算机，因此，数据通信中的协议主要指计算机网络协议。其定义如下。

网络协议：计算机网络中为进行信息（数据）交换而建立的一系列规则、标准或约定。

因为数据通信技术在体系结构上可分为两层，所以，通信协议也可以分为两部分。一部分负责信息正确传输，主要是编／译码协议，可称之为"上层协议"；另一部分保证信号可靠传输，主要是信号的物理特性、帧格式，差错控制、路由等协议，可称之为"下层协议"。

理解数据通信可分为信号和信息传输两个层面的概念，对学习计算机网络知识大有裨益。因为"计算机网络"课程的主要内容就是各种协议，也就是说，"计算机网络"课程以介绍"信息传输"为己任，而"信号传输"则是"通信原理"课程的"专利"。

4.2.4 结语

（1）数据是信息的一种存在形式。只有通过协议赋予信息，数据才有价值。

（2）数据通信或网络通信，必须包含底层的信号传输和上层的信息转换两大内容。

（3）协议的本质是通信各方应该遵守的对信号和信息的处理规范。

（4）协议越多，意味着通信过程中对信号和信息处理的环节越多。

4.2.5 问答

壮壮 老师，那平常什么时候用数字信号，什么时候用数据信号呀？

皮皮 因为无论是数字通信系统还是数据通信系统，传输的都是数字基带或调制信号，所以，一般情况下不用刻意区分。除非谈到对信号的物理处理时，要用数字信号描述，比如，码型变换、波形变换、误码率等。

皮皮 谁能举几个生活中的数据通信实例？

蛋蛋 寄信和寄包裹。

圆圆 敲门。

静静 舰船上的旗语和灯语。

皮皮 很好。其实与数据通信系统最接近的实例是铁路运输系统。你们慢慢体会吧。

皮皮 圆圆，你能否根据生活经验总结一下什么是数据通信？

圆圆 生活中，我可以跟静静通过计算机或手机聊天，也可以通过传真机交换文件。因此，我觉得数据通信是人与计算机类设备或计算机类设备之间的以数据为信息形式载体、以数字信号为信息物理载体进行的信息交换过程或方法。我把数据比作集装箱，数字信号比作火车车皮，那么，数据信号就是装着集装箱的火车。显然，数据通信系统就是用集装箱运送货物的铁路运输系统。

皮皮 不错，不错，理解到位！

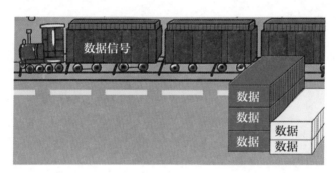

壮壮 老师，模拟通信是传输信息，数据通信也是传输信息，为什么数据通信一定要有协议才行呢？

皮皮 好问题。我们下节课再给出答案。

第4.3讲 数据通信的特点是什么

4.3.1 数据通信的特点

数据通信具有如下主要特点。

（1）需要协议。**如果没有协议，数据通信任务就无法完成。**数据通信系统在宏观上可分为信息传输层和信号传输层两个层面。上层任务主要由置于网络终端和节点处的信息或数据编码协议完成；下层任务主要由网络硬件设备、传输介质以及信号控制协议完成。图 4-3 给出了数据通信过程示意图。

（2）**信号与信息可分离。与模拟信号不同，一个数据信号可以携带不同信息**。比如，一个 8 位数据信号 10110010，它可以是一个十进制数，也可以代表一个字母或文字，这类似于一个载运工具可以装载不同的货物；而同一个信息也可以用不同的数据信号表示，比如，同样是火警电话，中国是 119，新加坡是 995，巴基斯坦是 16，这类似于一种货物可以被不同的载运工具携带。因此，作为信息的载体——数据信号可具有多义性。

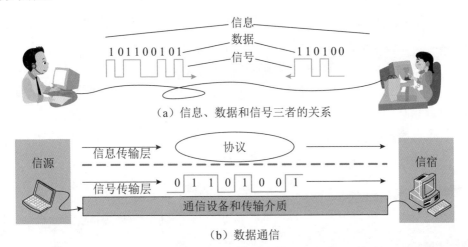

（a）信息、数据和信号三者的关系

（b）数据通信

图 4-3　数据通信示意图

（3）**要用"抽样—判决—再生"三步法接收。数据通信所使用的信号就是数字信号**。数字信号在通信终端或网络节点处的接收或识别一般需要"抽样—判决—再生"三个步骤完成，即先在定时（同步）时刻对信号抽样，然后，判决该样值脉冲是高（正）电平还是低（负）电平，最后根据判决结果重新产生一个脉冲信号。

（4）**要用"存储—转发"方式传输**。数据通信系统不仅需要对信号进行物理加工处理（放大、整形、抽样、判决、再生、复用等），还需要对不同的信号和信息协议进行转换（尤其是在网络中）。因此，信号在每个传输节点处都会有或多或少的停顿，即暂时存储在节点处，等完成各种处理后再转发出去，从而形成了"存储—转发"的信号传输特点。

4.3.2 数据通信与模拟和数字通信的异同点是什么

模拟通信和数字通信是按照信号的表现形式来区分的，而数据通信则是根据消息的一种表现形式——数据，定义的一种通信过程或方法。根据分析，可认为它们有以下异同点：

（1）模拟通信和数据通信不在一个范畴。数字通信可认为是模拟通信的升级。

（2）数字通信和数据通信在信号传输层面基本一致。

（3）在信道或网络节点处，数据通信需要协议对信号和信息进行转换。

（4）数据通信基于数字通信，但比数字通信技术更复杂、功能更强大、用途更广泛。可认为它是具有协议转换的数字通信。

（5）数据通信系统既可完成模拟信息的传输，也可完成数字信息的通信任务。

可以用图4-4宏观地描述三者的异同点。

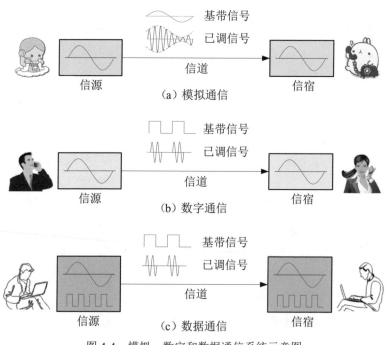

图4-4　模拟、数字和数据通信系统示意图

4.3.3 结语

（1）数据通信必须有信息和信号传输协议。

（2）不同的信息可以用相同的信号携带，不同的信号也可以携带相同的信息。

（3）信息并不随信号传输，而是存在于事先定义好的协议中。信宿在收到信号后必须根据协议将信息解析出来才算完成了通信任务。

（4）数据通信或网络通信的精髓就是——协议！

4.3.4 问答

问题 1

皮皮 壮壮，你现在明白数据通信为什么需要协议了吧？

壮壮 明白了。比如在图 4-3（a）中，若信号不变，我可以说"我跟你玩"，也可以说"我不理你"。这就看我与静静事先如何制定信息编码协议了。对吧？老师。

皮皮 对。数据信号只是一个通用载体，就像一列没有装货的火车一样，它所携带的信息要靠人们制定的信息编码协议通过信源编/译码过程赋予及提取。同时，在传输过程中还需要其他相关协议（比如差错控制协议、信号转换协议等）保证其可靠传输及交换。

问题 2

圆圆 老师，"抽样—判决—再生"处理与"存储—转发"处理两者之间有什么关系？

皮皮 对信号的"存储—转发"处理必须基于"抽样—判决—再生"处理。"抽样—判决—再生"是针对码元的处理方法，而"存储—转发"主要是对码字、帧或包的处理方法。

问题 3

壮壮 老师，感觉数据通信很"牛"，是否可以当通信领域的"老大"？

皮皮 是的。因为通过模/数转换和信息编码，0、1 数据串可以携带模拟信

息，或者说，因为有了 ADC 技术，所以通信领域的未来应该是数据通信技术一统天下。

蛋蛋 老师，您说数据通信系统在宏观上可分为上下两个层面，那是不是意味着在微观上可以有更多的层面？

皮皮 是。后面的"网络体系结构"就要详细讨论这个问题。

第 4.4 讲 如何理解网络的层

学习数据通信或计算机网络技术的关键点是要明白什么是层。

4.4.1 什么是层

在计算机网络中，要完成信息或数据的可靠传输，通信各方就必须遵循事先约定好的网络协议。为了减少网络协议的复杂性，网络设计者就必须采用分层方法设计若干网络协议。简言之，就是必须"协议分层"或"化整为零"。

所谓"协议分层"就是按照信息的流动过程将网络通信的整体功能分解为一个个子功能层，位于不同系统（终端、节点）上的同等功能层（对等层）之间按相同的协议进行通信，而同一系统中上下相邻的功能层之间通过接口进行信息传递。

从形式上看，两台计算机之间就是靠一根连接电缆进行信息传输，其通信过程就是发信端发出电信号、收信端通过电缆信道接收电信号的过程。那么，在这个"点到点"的一维通信过程中如何理解二维对等层之间的通信概念呢？术语"层"应运而生。

大家知道，一个通信过程需要若干个步骤或功能的实现才能完成。比如电话的通信双方都必须经过"声—电"或"电—声"转换、电信号放大、发送或接收等步骤才能完成通话任务（一维结构）。因为这些功能或步骤大多是互逆的且在通信双方往往成对出现，所以，为便于研究（尤其是对数据通信过程而言），可定义如下。

层：通信过程中比较重要的、在通信各方都会出现的对等信号（信息）处理功能或步骤。

简言之，"层"就是通信过程中的一个功能或步骤。

将这样的层根据执行顺序或信号流程编上序号，就产生了通信系统或网络的分层体系结构（二维结构）。

4.4.2　分层的好处

（1）**化整为零**。分层可以把信源到信宿的信息流传递（也就是通信过程）理解为通信双方对等层之间的通信，尽管实际上并不存在这样的"层间通信"。

（2）**化繁为简**。分层可以把一个复杂的大问题分解成若干个比较简单的小问题，从而有利于问题的研究和解决，这也是分层的主要目的。分层的另一个目的就是保持层次之间的相对独立性，也就是说，上层不管下层的具体运行方法，只要保证提供相同的服务即可。比如，在你与家人打电话的通信过程中，只要双方可以进行语音交流（上层的功能），你不会去追究语音信号在底层到底是通过电缆、光纤还是无线电波进行传输的。

（3）**层具有独立性和封装性**。由于每一层都是相对独立的功能模块，只要相邻层间的接口所提供的服务不变，那么，各层模块如何实现以及发生变化或修改，都不会影响其他各层。分层不仅将整个系统设计的复杂程度降低了，而且对系统的维护和管理提供了方便，同时也为在硬件和软件方面适应新技术的发展和更新提供了灵活性。

（4）**便于设备标准化**。因为各层功能都有精确定义和说明，故可规范设计及使用方法。

4.4.3　通信系统分层实例

假设有两位身居异国相距千里的动物学家，由于语言不通且不会使用通信工具，而分别雇用了翻译和秘书进行学术交流，通信流程如图 4-5（a）所示。在这个通信过程中，双方的学者、翻译和秘书虽然不在一地，但他们的工作或功能是一样的，因此，把这个一维过程以传输介质为中心两边竖起来，就形成了图 4-5（b）的二维分层示意图。

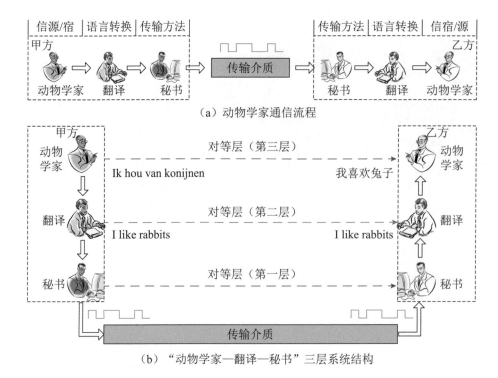

（a）动物学家通信流程

（b）"动物学家—翻译—秘书"三层系统结构

图4-5　通信协议分层实例

（1）两个动物学家（第三层中的对等进程）希望通话，一位说荷兰语，另一位说汉语。

（2）每人都请了一位翻译用于交谈（第二层中的对等进程）。

（3）每个翻译又必须请一位秘书（第一层中的对等进程）负责具体通信手段。

这样，就可以将动物学家、翻译和秘书三对通信模块分别对待、考虑和设计。

具体通信流程如下。

（1）动物学家甲向动物学家乙表达自己对兔子的感情，他把这一信息用荷兰语"Ik hou van konijnen"通过第三层与第二层之间的接口传给他的翻译。

（2）翻译甲根据协议使用英语为通信语言，将该信息转换为"I like rabbits"（对语言的选择是第二层协议的事，与对等进程无关）后，通过第二层与第一层的接口交给秘书甲。

（3）秘书甲采用电报方式（第一层协议）将信息传递给乙方秘书；秘书乙将收到的电脉冲信号还原成信息"I like rabbits"并通过第一层与第二层的接口送给乙方翻译，翻译乙将英语译为汉语"我喜欢兔子"并通过第二层与第三层之间的接口传达给动物学家乙，从而完成通信任务。

在该例中，一是两个动物学家之间交流的内容范围要事先定义清楚（要有个交流范围协议），否则就是"鸡同鸭讲"，失去交流意义；二是两个翻译要有个语言选择协议，保证彼此能够听懂对方的语言；三是两个秘书需要制定一个通信手段协议，保证彼此采用相同的手段（方法）进行通信，比如，利用传真机、电子邮件或电话等。

应注意到每层的协议与其他层的协议完全无关，只要层间接口保持不变就不影响通信。比如，只要两位翻译愿意，他们可以随意将英文换成德文或其他语种，完全不必改变他们与第一层和第三层之间的接口。同样，秘书把传真换成电子邮件也不会影响到其他层。

再看一个更有技术内涵的例子：如何向图 4-6 所示的五层网络顶层提供通信服务。

（1）第 5 层运行的某应用程序进程产生了消息 M，并将其交给第 4 层进行传输。

（2）第 4 层在消息的前面加上一个报头（header）以识别该消息，并把结果下传给第 3 层。报头包括控制信息，例如序号，以使目标机器上的第 4 层能在下层未保持信息顺序时按正确的顺序递交。在某些层里，报头还包括长度、时间和其他控制字段。

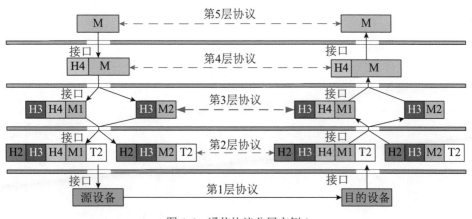

图 4-6　通信协议分层实例 2

（3）通常，消息长度在第 4 层没有限制，但在第 3 层却常常被限制。因此，第 3 层必须把上层来的消息分成较小的单元（分组），在每个分组前加上第 3 层的报头。在本例中，M 被分成了 M1 和 M2 两部分。第 3 层决定使用哪一条输出线路并把分组传递给第 2 层。

（4）第 2 层不仅给每段信息加上报头信息而且还加上尾部信息，然后把结果交给第 1 层进行实际传送。在接收方，报文向上传递 1 层，该层的报头就被剥掉。

理解图 4-6 的关键是要理解虚拟的"同层"通信与实际的"层间"通信的关系以及接口的概念。例如，第 4 层中的对等进程，概念上可以认为双方的通信是

水平地使用第4层协议，每一方都有一个"发送到另一方"和"从另一方接收"的过程调用，即双方的同层通信过程，尽管这些调用实际上是一方通过第4层与其下各层间的接口跟下层的"垂直"通信，而不是直接与另一方进行的"平行"通信。

抽象出"对等进程"这一概念对网络设计至关重要。基于这个概念，就可以把设计整体网络这种复杂的、难以处理的大问题划分为 n 个简单的、易于处理的小问题（各层的设计），也就是"分而治之"或"各个击破"。

4.4.4 结语

（1）网络层的本质是通信各方都具有的对信号和信息处理的对等互逆功能。

（2）网络分层的主要目的是将网络结构条理化、标准化、简单化。

（3）通信系统分层的思想可以推广到一些类似的系统设计和分析中。比如交通系统。

4.4.5 问答

皮皮 静静，你能否根据图4-6举一个生活实例说明分层概念？

静静 我觉得用"写信—寄信—收信"过程可以说明。"写完信"相当于第5层；"放入信封写上收信人姓名"相当于第4层；"信太厚，分为两封并写上收信人所在单位名"相当于第3层；"写上收信人所在省市名"相当于第2层；"放入信箱交由邮政系统传输"相当于第1层。对不对，老师？

皮皮 嗯，很好。

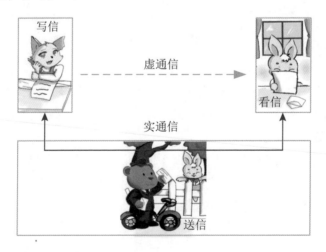

问题 2 ?

壮壮 老师，根据您讲的层概念，是不是意味着生活中需要多个步骤或工序才能完成的任务或工作都可以进行分层处理？

皮皮 很好的思路。如果需要，可以考虑分层处理，以便于设计、实施和管理。尤其是涉及双方或多方的可逆系统更需要考虑分层处理。

壮壮 那么，图1-9的数字通信系统是否可以分为5层结构？我把图1-9（a）的分层结构画一下，如图4-7所示，您看对不？

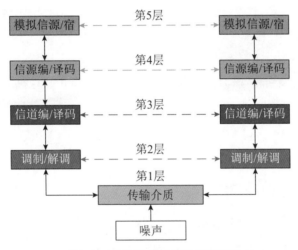

图4-7 数字调制通信系统架构图

皮皮 大家看看对不对？有没有问题？

圆圆 我觉得挺好。

蛋蛋 我发现个问题，原图箭头是单向的，壮壮画的是双向的，另外，通信双方的功能模块都变成一样的了。

皮皮 嗯，很好！要表扬壮壮，学会了触类旁通。这张图不但体现了系统的体系结构，还把原图的单工通信变为符合网络分层概念的双工通信了。大家给壮壮鼓鼓掌。

壮壮 谢谢大家鼓励！

第 4.5 讲　如何理解计算机网络模型

在了解了数据通信系统宏观上可分为信号传输和信息传输两层结构的基本概念后，就需要理解数据通信系统的典型实例——计算机网络在微观上的七层结构，即七层模型了。

4.5.1　OSI计算机网络模型

计算机网络体系结构或网络模型：网络的分层模型、同等层进程通信协议规范和相邻层接口服务规范等的集合。

简言之，网络模型就是计算机网络的各层及其协议和接口服务规范的集合。

国际标准化组织 ISO 在 1977 年 3 月的第九次全会上决定成立一个新的技术委员分会 ISO/TC97/SC16。1983 年该分会提出了开放系统互连参考模型 OSI-RM，即著名的 ISO7498 标准。该标准用分层方法定义了 "OSI 计算机网络模型"，即常说的七层模型（见图 4-8），它不仅是各种网络的统一体系结构，还是各公司制造网络设备的统一标准。

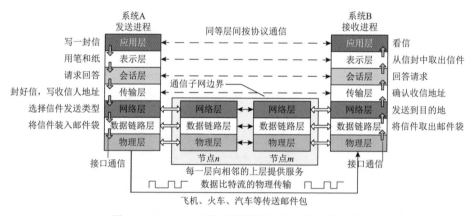

图 4-8　ISO/OSI 网络参考模型与邮件系统类比图

虽然七层模型既复杂又不实用，但因其概念清晰且具有指导意义，所以仍是必须了解和掌握的重要知识。生活中更常见的是互联网四层模型。

4.5.2 七层协议的功能

1. 物理层功能

物理层（L1）向数据链路层（L2）提供物理连接建立和数据比特流的透明传输服务，完成相邻节点之间原始比特流的传输任务。其功能示意图如图4-9所示。

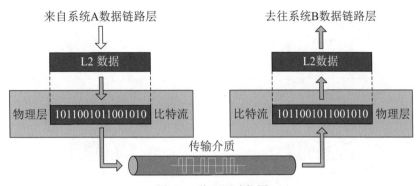

图 4-9 物理层功能图

从通信角度上看，物理层主要功能是为数字信号传输提供合适通道并保证其可靠。

2. 数据链路层功能

数据链路层是把一条有可能出差错的实际链路（信道）转变为让网络层（L3）看起来好像是一条无差错的链路。简言之，就是通过数据链路层协议，在不太可靠的物理介质上实现可靠的数据传输。其功能如图4-10所示。

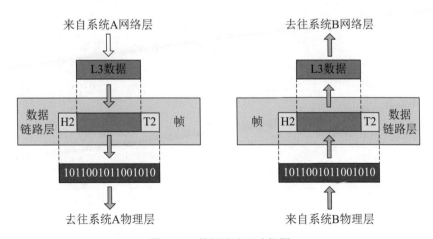

图 4-10 数据链路层功能图

从通信角度上看，数据链路层主要功能是用协议保证数据（不是信号）可靠传输。

3. 网络层功能

网络层又称为通信子网层，它为传输层（L4）提供端节点间的可靠通信服务。其主要功能是为端节点间数据包的传输寻找最佳路径（路由），避免拥塞。其功能如图 4-11 所示。

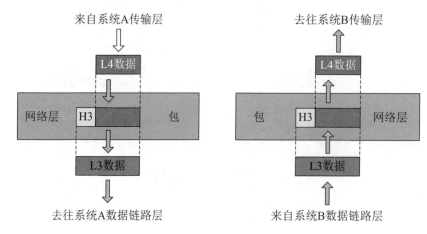

图 4-11　网络层功能图

从通信原理的角度看，网络层的主要功能是指引信号在网络中沿什么样的路径传输，保证信号在传输过程中的通畅、快捷、经济。

需要说明的是，物理层、数据链路层和网络层合起来可以称为"通信子网"，也就是专门负责信号传输的网络或在前面宏观定义的"信号传输层"。

4. 传输层功能

传输层主要功能是依据通信子网的特性最佳地利用网络资源，为两端主机的进程之间提供可靠、透明的报文传输服务。传输层功能图如图 4-12 所示。

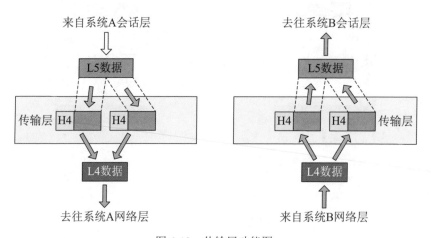

图 4-12　传输层功能图

从通信原理的角度看，这一层主要采用了复用／解复用和差错控制技术。

5. 会话层功能

会话层（L5）不再参与具体的数据传输控制，但却对数据传输进行管理，包括在两个用户间建立、组织和协调一个连接或会话所必需的协议。会话层是网络的对话控制器，负责建立、维护以及同步通信系统的交互操作。其功能如图 4-13 所示。

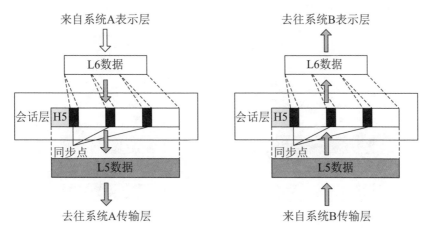

图 4-13　会话层功能图

从通信原理的角度看，会话层用到了"通信原理"课程中的同步技术。

6. 表示层功能

表示层（L6）解决用户信息的语法表示（代码和格式）问题，消除网络内部各个实体间的语义差异。主要功能就是翻译（编码）、加密和压缩，示意图如图 4-14 所示。

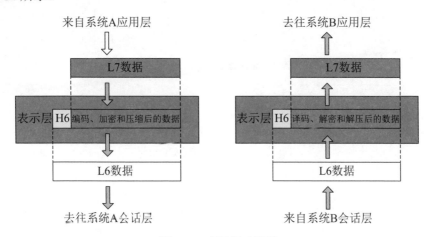

图 4-14　表示层功能图

从通信原理的角度看，表示层的主要功能是对上一层（应用层）下达的信息进行编码，即信源编码，形成可以表示信息的数据格式并完成格式的转换，以适应通信的另一方。

7. 应用层功能

应用层（L7）直接面向用户，为用户访问 OSI 提供手段和服务。它对应用进程进行抽象，只保留应用层中与进程之间交互的有关部分，为网络用户之间的通信提供专用服务并建立起相关的一系列应用协议。应用层功能图如图 4-15 所示。

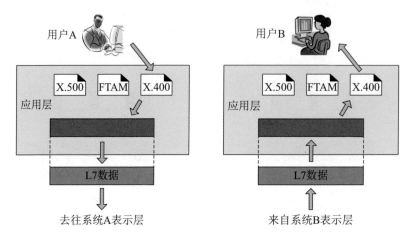

图 4-15　应用层功能图

从通信原理的角度看，应用层和表示层一起具有通信系统中的信源 / 信宿部分功能。

需要注意的是，传输层以上的四层合起来可以被称为"资源子网"，也就是专门负责信息传输的网络，即在前面宏观定义的"信息传输层"。

这样，计算机网络又可以分为"通信子网"和"资源子网"两部分。

综上所述，ISO/OSI 参考模型七层的主要功能可归纳为如表 4-1 所示。

表 4-1　OSI 参考模型各层的主要功能

层　　次	功　　能
第七层（应用层）	为应用进程提供网络应用的接口服务，如电子邮件、文件传输等
第六层（表示层）	完成数据的编码 / 译码、加密 / 解密、压缩 / 解压等任务
第五层（会话层）	进行会话管理、会话同步和错误的恢复
第四层（传输层）	为上层提供可靠透明的传输服务
第三层（网络层）	进行通信子网中的路由选择、拥塞控制、计费信息管理等
第二层（数据链路层）	完成成帧、流量控制和差错控制
第一层（物理层）	为比特流的传输提供机械特性、电气特性、规程特性和功能特性

为帮助读者记忆，可用一句英文：Please Do Not Touch Steve's Pet Alligator 的 7 个首字母 "PDNTSPA" 表示七层模型。

4.5.3 结语

（1）网络模型的本质是将通信各方都具有的信号或信息处理对等可逆功能提炼出来并条理化。

（2）网络模型的最大用途是便于设计、制造网络设备和扩展网络服务项目。

4.5.4 问答

🐵圆圆 老师，您刚才说互联网的四层模型才是常用的，那为什么不讲呢？

🐵皮皮 四层模型也可称为 "TCP/IP 网络模型"，它与 OSI 模型之间的主要区别是：

（1）无表示层和会话层。这是因为在实际应用中所涉及的表示层和会话层功能较弱，所以，将其内容归并到应用层。

（2）无数据链路层和物理层，但有网络接口层。这是因为建立 TCP/IP 模型的首要目标是实现异构网的互连，所以在该模型中并未涉及底层网络技术，而是通过网络接口层屏蔽底层网络间的差异，向上层提供统一的 IP 报文格式，以支持不同网络之间的互连、互通。

从本质上看，TCP/IP 模型是 OSI 七层模型的凝练，因此，我们用图 4-16 给出其模型图供大家自学。

🐵静静 老师，OSI 七层协议和 TCP/IP 四层协议是不是 "计算机网络" 课程的主要内容？

🐵皮皮 是的。OSI 七层协议给出数据通信网络的基本架构，TCP/IP 四层协议则是网络通信的主要内容。因此，要想学好计算机网络或数据通信技术，就必须钻研 TCP/IP 协议。

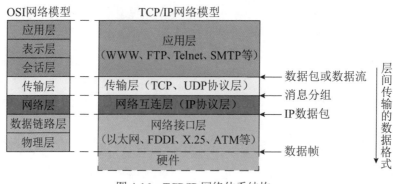

图 4-16　TCP/IP 网络体系结构

第 4.6 讲　什么是链路

自从计算机网络进入人们的生活以后，一个与"通路"相关的术语——"链路"也越来越多地被业内人士谈及和使用。那么，什么是链路？它与通路有何不同？

4.6.1　信道

在"通信原理"课程中，大家已经接触了不少有关"信道"的概念，它们是：信道、广义信道、狭义信道、物理信道、逻辑信道、数字信道、模拟信道、传输介质、通路、链路等。这些概念既有共性又有差异，很容易混淆，需要用心体会。

简言之，通信就是信息的传递。但在实际通信过程中，信息由各种信号所承载，通信系统直接传送的是电信号（或光信号）。对于模拟通信系统，信号波形直接携带信息，传送了信号也就传送了信息；而在数据/数字通信系统中，信息是通过各种编码方式搭载在数字信号之上，仅以传送信号为目的的通信系统（比如模拟系统）虽然可以完成信号的传输，但不一定能够完成信息的传递，因为信息的传递大多需要收发双方共同遵守的协议才能完成。

通信任务的实施，首先必须在通信双方（或多方）之间实现信号的传输，而信道就是为信号传输提供的通道或路径。因此，最基本的通信系统由信源、信宿和信道三要素构成。显然，信道是对通信过程中一个基本功能的描述，具有普适、抽象特性。而在实际应用中，为了更好地进行通信系统的设计、搭建和维护，需要对信道进行更具体、更准确的描述，这就引出了其他与信道相关的概念或术语。

（1）传输介质是具体完成信号传输的物理通路（比如各种导线、光纤、大气等），是一种具体的信道；在一个通信系统中，连接信源和信宿除了传输介质之外，还有各种通信设备，它们同样为信号提供了传输路径，因此也是一种具体信道。为了区分它们，人们定义传输介质为狭义信道，通信设备与传输介质一起被称为广义信道。

（2）信道是一个宽泛概念，而通路是信道的一种具体表现形式，指信道的一种"直通"工作状态，一般应用于模拟通信中，比如打电话就需要在通信双方之间建立一条通路。

（3）物理信道强调的是信道存在形式，通常看得见、摸得着，比如一条电缆、一对电话线、一根光纤等，大气空间也是一种物理信道。而逻辑（抽象）信道主要指在一个物理信道中利用各种复用技术产生的看不见、摸不着的信号传输途径。比如，利用频分复用技术，有线电视系统可在一条同轴电缆（物理信道）上产生多条位于不同频率、传输多路电视信号的逻辑信道。

（4）数字信道一般指数字信号经过的途径，模拟信道指模拟信号经过的途径，它们都包括传输介质和传输设备，属于广义信道。主要区别是：数字信道一般有编、译码设备和信号再生设备（比如编码器、译码器、中继器等），信号主要以码元的"抽样—判决—再生"方法接收并以码字、帧或包的"存储—转发"方法传送；而模拟信道没有编、译码设备，在信号传输过程中靠放大器延长传输距离。

4.6.2 链路和通路

链路和通路都有"连通的线路"之意，但链路强调的连通是像链条似的"间通"，而通路强调的连通是像管道一样的"直通"。因此，对于普通的电话连接，我们常以通路表示，以强调通信的实时性；而在数据通信系统中，因为数据大多以"包"的形式出现，信号在信道中以"存储—转发"的方式传输，所以多用链路表示数据信号传输的路径。示意图见图 4-17。

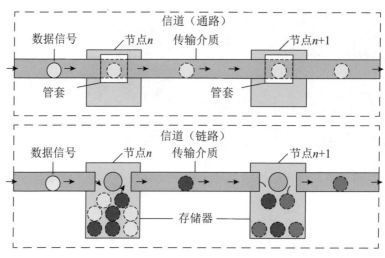

图 4-17 通路和链路示意图

注意：为了便于理解，图 4-17 中的"通路"也以传输数据信号为例。图 4-17 中的节点实际上多为"多入多出"节点。

通路类似一条不间断的完整传输管道，信号在每个节点上都是直接通过，不停留也不需要协议。而链路的传输管道是分段的，信号在每个节点上一般不能直通，必须停一下接受相关处理（校验、路由、复用）且需要协议，然后再被转发到下一个节点。显然，链路通常在节点处需要一定的存储空间，协议越复杂越细致，需要的存储空间也越大。

4.6.3 结语

（1）链路和通路都是信道的一种工作状态或存在形式。

（2）通路多用于传输模拟信号；链路多用于传输数据信号。

（3）宏观上看，通路像实线，链路像虚线。

（4）信号在通路的节点处不停留，而在链路的节点处往往要停留。

（5）通路不需要协议，链路需要协议。

4.6.4 问答

壮壮 老师，如果把很多根水泥管接起来做下水管道，连通小区和城外的污水处理厂。那么，直接一根一根对接起来就是通路，而若干根之间打一个竖井就是链路，对不对？

皮皮 嗯嗯，不错，挺贴切。

蛋蛋 老师，我觉得通路与链路的根本区别在于信道节点或对接处是否有存储功能，没有的是通路，有的就是链路，对吗？

皮皮 有点意思！在一定条件下可以这么说，因为有存储功能的节点也可以直通。

问题 2

圆圆 这样的话，我觉得在节点或对接处需要协议传输数据信号的是链路，不需要的是通路，对不对？

皮皮 哈哈，对的，太好了，圆圆学会举一反三了。

第 4.7 讲　什么是交换

传统"通信原理"课程主要围绕"点到点"通信方式介绍相关的通信理论和技术，而现实中却多是"多点到多点"的通信应用。从拓扑结构上看，"点到点"的通信是线，"多点到多点"的通信是网，而从技术上看，它们的主要区别就是通信网需要交换技术。

根据常识大家都会想到，要提高公路或铁路交通网的运输效率，通常可在两方面下手。

（1）线路上（信道）的多拉和快跑。

（2）车站里（节点）的快卸和快装。

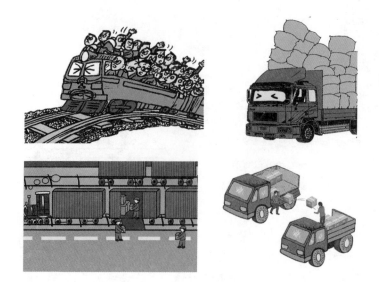

类比通信网或计算机网络，要想提高通信网的通信效率，也需要在两方面下手。

（1）信道传输技术。类比线路上的多拉快跑技术。

（2）节点交换技术。类比车站里的装卸和调度技术。

可见，从信号传输角度上看，通信网的主要技术就是"信道传输"和"节点交换"。

4.7.1 交换的概念

在具有多个通信用户或通信终端的通信网络中，如何及时、快速、准确地实现多用户间的两两互通，或者说，在通信网的一个节点上如何将数据高效地转发到正确的线路上去是构建通信网的一个关键问题。而解决该问题的手段或方法就是交换技术。

交换：各通信终端之间（比如计算机之间，电话机之间，计算机与电话机之间等）为传输信息所采用的一种利用交换设备进行连接的工作过程或方法。

简言之，交换就是在通信网络中连通任意两个用户的方法或过程。需要注意的是，如今的网络交换技术已经不限于两个用户之间的连接。

在目前常见的通信网络中，主要存在线路、报文和分组交换三种交换技术。

4.7.2 线路交换

线路交换：在发信端和收信端之间，利用交换设备直接建立一条临时通路（信道）供通信双方专用，直到双方通信完毕后才能拆除该通路的全过程或方法。

线路交换可分为以下三个阶段。

（1）线路建立阶段：该阶段的任务是在欲通信的双方之间，由各节点（电话局）通过线路交换设备建立一条仅供通信双方使用的临时专用物理通路。

（2）数据传输阶段：通信双方的具体通信过程（数据交换）在这个阶段进行。

（3）线路拆除阶段：通信完毕后，必须拆除（实际上是断开该线路各节点之间的连接）这个临时通道，以释放线路资源供其他通信方建立新的连接使用。

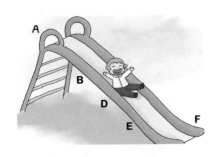

在图 4-18（a），节点 B、D、E 为 A、F 两点提供一条直接通路。图 4-18（b）给出了线路交换的线路建立和数据传输过程。请注意紫色的数据传输过程是不间断的，即在时间轴上（纵向）是连续的。

线路交换，也称为"电路交换"，一般用于电话通信网，也可用于数据通信网。

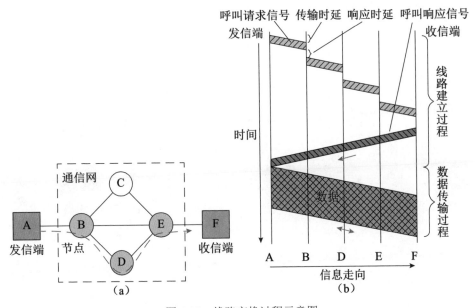

图 4-18 线路交换过程示意图

4.7.3 报文交换

报文交换不像线路交换那样需要建立专用通道，其原理是信源将欲传输的消息组成一个称作报文的数据包，包上写有信宿地址，这样的数据包送上网络后，每个接收到的节点都先将它存在该节点处，然后按信宿的地址，根据网络的具体传输情况，寻找合适的通路将该包转发到下一个节点。经过这样的多次"存储一

转发"，直至信宿，完成一次信息的传输。

报文交换：节点采用"存储—转发"数据包的过程或方法。

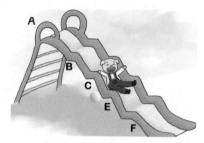

术语"数据包"就是对一批或一组比较大的数据集合的形象表述，是一种数据传输基本单位或单元，类似于邮政服务中的一个邮包或铁路运输中的一列火车。

在图4-19中，从A到F有三条链路A-B-C-E-F、A-B-E-F和A-B-D-E-F可走，具体走哪一条由节点根据网络当时的情况决定且各数据包可以走不同的路径，图中给出了沿A-B-C-E-F链路的报文传输示意图。注意紫色的数据（报文）传输过程是不连续的。

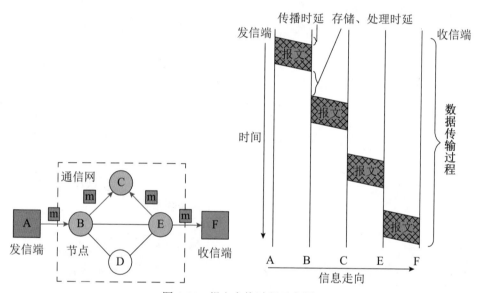

图4-19　报文交换过程示意图

报文交换与大家熟悉的邮政通信相似。人们把消息以文字的形式写入一封信（把消息组成数据包）投到信箱（送入网络），本地邮局收到信后，根据目的地址选择合适的路径，利用邮政网络将信件传送到目的地邮局，目的地邮局再将信件最后送到客户手中。

4.7.4　分组交换

线路交换难以实现不同类型数据终端设备之间的相互通信，报文交换信息传输时延又太长，无法满足许多通信系统的实时性要求，而分组交换技术较好地解决了这些问题。

分组交换：小数据包的报文交换。

在报文交换中，对一个数据包的大小没有限制，比如你要传输一篇文章，不管这篇文章有多长，它就是一个数据包，报文交换把它一次性传送出去（可见报文交换要求每个节点必须具有足够大的存储空间）。而在分组交换中，要限制一个数据包的大小，即要把一个大数据包分成若干

个小数据包（俗称打包），每个小数据包的长度是固定的（典型值是一千位到几千位），然后再按报文交换的方式进行数据交换。为区分这两种交换方式，把小数据包（即分组交换中的数据传输单位）称为分组。分组交换过程示意图见图 4-20。

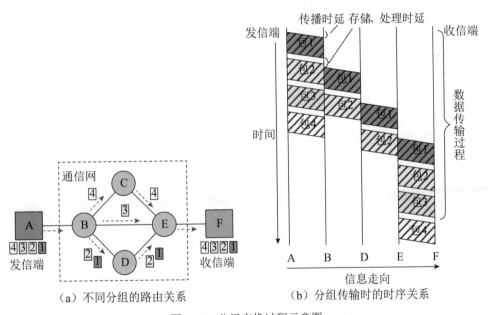

（a）不同分组的路由关系　　　　（b）分组传输时的时序关系

图 4-20　分组交换过程示意图

数据分组（小的数据包）在网络中有数据报（datagram）和虚电路（virtual circuit）两种传输方式。

（1）数据报：该方式类似于报文交换，是一种无连接型服务。数据报要求每个数据分组都包含终点地址信息以便于分组交换机为各个数据分组独立寻找路径。

（2）虚电路：该方式类似于线路交换。在发送分组前，需要在通信双方建立一条逻辑连接，即要像线路交换那样建立一条直接通路，但这条通路不是实实在

在的物理通路，而是虚的，其"虚"表现在分组并不像在线路交换中那样从信源沿着通路畅通无阻地到达信宿，而是分组的走向确实沿着逻辑通路走，但它们在通过节点时并不能直通，仍要像报文交换那样，存储、排队、复用、转发，即在节点处进行缓冲，不过其时延要比数据报小得多。

在图4-20中，A点将数据分成4个包，包1、包2沿 A → B → D → E → F 传输；包3沿 A → B → E → F 传输；包4沿 A → B → C → E → F 传输。4个数据包沿不同路径传输就可能产生不同的时延，致使到达 F 点时的顺序与 A 点发送时的顺序不同，比如，到达顺序可能是包 3 → 包 4 → 包 1 → 包 2，而 F 点的 PAD 设备（Packet Assembler Disassembler，分组组装 / 拆分设备）就会根据各包上的信息将顺序调整过来。注意：三色数据包传输过程也是不连续的。

分组交换是最适合于数据通信的交换技术，其典型应用是 X.25 协议。

分组交换是线路交换和报文交换的结合体，综合了线路交换和报文交换的优点，并使其缺点最少。

4.7.5　结语

（1）交换功能只出现在网络节点处。

（2）交换任务通常包含信号层面的硬件交换和信息层面的软件交换。

（3）线路交换是纯硬件交换，不需要协议。其他两种交换都需要软件或协议。

（4）"通信原理"主要讲点到点的信号传输问题；"计算机网络"（通信网）主要讲多点到多点的信号（信息）交换问题。简言之，"通信原理"讲信号传输或信道传输，"计算机网络"讲信号交换或节点交换。

4.7.6　问答

🐱静静 老师，生活中能看到交换的过程吗？

🐱皮皮 现在基本上都靠计算机完成交换了，一般看不到。不过我可以给你们看一张线路交换实例照片。照片中，台面上的每个插头都连接一个用户，台壁上的每一个插座也连接一个用户。发话方通过耳机告诉话务员受话方姓名后，话务员就把连接发话方的插头插入受话方的插座，从而完成一次线路交换。

🐹圆圆 老师，虚电路我还是不理解。

🐵皮皮 可用一个运输实例解释虚电路。一个集装箱车队要将一批水果从西安运到天津，可以有多条路径选择。若在众多路径中选择了西安—郑州—北京—天津这条路线，那么，车队的所有车辆都会沿该路径到达目的地并在途中的"驿站"（节点）加油、休整，而在这条路径上同时还会有去其他地方的车辆，即该路径不为车队独占，这条路径就是虚电路。还有，你要开车去机场接人，用手机给出导航路径也可类比虚电路。

🐹圆圆 嗯嗯，我懂了。"共享的确定传输路径"就是虚电路，对吧？

🐵皮皮 嗯，总结得不错。

问题 3

🐵皮皮 蛋蛋，你能否用一个交通实例解释线路交换和分组交换？

🐵蛋蛋 我觉得线路交换可类比铁路运输中的扳道岔操作，火车（信号）可以不停顿地直接从一个线路转换到另一个线路上。分组交换可类比转运站操作，来自不同地方的车皮（分组）在车站重新编组后发往不同的目的地。

🐵皮皮 不错，挺贴切。

🐹圆圆 老师，那线路交换是否可以认为是实电路，其含义为"独享的确定传输路径"呢？

🐵皮皮 哈，触类旁通，可以这样理解。

问题 4 ?

🐵 壮壮 老师，还有其他交换技术码？

🐷 皮皮 有，比如，IP 交换技术、软交换技术等。

第 4.8 讲　什么是面向连接服务和面向无连接服务

服务：计算机网络中下层向邻接的上层提供通信能力或操作且屏蔽细节的过程。

简言之，服务就是完成数据纵向传输的功能。

从用户的角度上看，服务可以认为是通信网或运营商在硬件和软件方面为用户提供的通信帮助。比如，当你和家里打电话，意味着电话网或运营商为你们提供了通话服务；当你寄包裹到家里，就享受了邮政系统或运营商为你提供的邮政服务。

计算机网络可为用户提供两种服务："面向连接服务"和"面向无连接服务"。

4.8.1　面向连接服务

在网络七层模型中，连接功能（概念）是指在分处不同空间位置的两个同等层的对等实体之间所设定或建立的逻辑通路。那么，面向连接服务的定义如下。

面向连接服务：先建立连接再传送或交换数据的过程或方法。

面向连接服务类似于电话通信中的线路交换过程，即该服务需要经历连接建立、数据传输和连接释放三个阶段。当用户享受面向连接服务时，意味着在通信任务实施之前，通信双方之间要建立起一个确定的信道（通路或链路），信号只能沿着该路径传输。

4.8.2 面向无连接服务

知道了"面向连接服务",就很容易理解"面向无连接服务"的概念了。

面向无连接服务:事先不需要建立连接而传输或交换数据的过程或方法。

面向无连接服务的过程类似于邮政的信件投递过程。其特点是:通信前,同等层的两个对等实体间不需要事先建立连接,通信链路资源完全在数据传输过程中动态分配。此外,通信过程中,双方并不需要同时处于激活(或工作)状态,如同发信人向信筒投信时,收件人不需要当时也位于目的地的信筒旁一样。

信源　　　　　　　　传输　　　　　　　　信宿

4.8.3 结语

(1)两种服务都是一种通信过程或为用户信息交流提供的帮助。

(2)两种服务都需要通信设备和传输介质。

(3)面向连接服务强调事先建立指定路径。

(4)面向无连接服务强调事中选择适合路径。

(5)面向连接服务通信质量好,实时性好,成本高。

(6)面向无连接服务通信质量稍差,实时性稍差,成本低。

4.8.4 问答

皮皮 谁能用自己的理解描述两种服务?

壮壮 我试试,老师。假设我要从西安给北京的蛋蛋运送 10 车苹果,那么,车队按事先选定的一条路线运输就是面向连接的服务;而车队出了西安后就各选其道,通过不同路线到达北京的运输过程就是面向无连接服务。

皮皮 嗯,不错。

圆圆 老师，您刚才说服务是下层为上层提供的帮助，也就是说，服务是垂直的。而举的例子，不管是邮政还是交通都是水平的。这如何理解？

皮皮 从通信的角度看，所有的通信过程或任务都是从 A 点到 B 点，即信号或信息是水平传输的。之所以会出现垂直服务，是因为我们把水平过程竖了起来，从而形成了层级结构。实际上，服务还是水平的。因为有了七层结构，我们可以说，服务是垂直的，而协议是水平的，即 A 点到 B 点的信息传输任务是通过各层协议完成的，而信号是通过各层服务实现的。最底层秘书为上一层翻译垂直提供信件接收和发送服务，而协议完成信件从 A 到 B 或从 B 到 A 的水平传输；翻译为科学家垂直提供翻译服务，而协议完成水平的文字传输；科学家利用翻译提供的服务实现水平的信息传输或知识交流。显然，在该例中，信件是上下移动，而信息是左右传输。现在你们是否理解了？

众人：嗯嗯，懂了。

问题 3 ?

蛋蛋 老师，我觉得面向连接服务就是事先在双方之间画出一条线，所有数据包（信号）都闭着眼睛沿着这条指定路径跑到信宿；而面向无连接服务事先不画线，数据包（信号）必须睁着眼，走一步选一步，最终所有数据包可能沿着不同路径到达信宿。对不对？

皮皮 嗯，有点意思，概念上可以这样理解。

问题 4 ?

静静 老师，那是否意味着协议是服务存在的基础，而服务是协议实现的体现呢？或者说，对等层之间的通信是虚拟的，而相邻层之间的服务是具体的，即"横向虚，纵向实"？

皮皮 嗯，总结得很好！

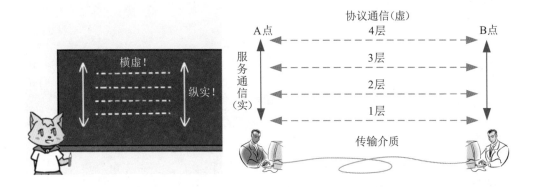

第 4.9 讲　人生如通信

名词"人生"可认为是"人的一生"的缩写。我觉得人生有两个含义，一是一个从生到殁的时间段，通常小于四万天，与浩瀚的时空相比，渺小、短暂；二是在这一时间段的所言、所行、所为。对每个人而言，其人生或长，或短，或精彩，或平庸，或罪恶，东西南北中、酸甜苦辣咸、喜怒哀乐悲，尽在其中，百人百态，千人千样。

古今中外，不同的人根据自己的经历、认知和三观，从不同的角度对人生有多种理解、描述、总结和比喻，比如大家熟悉的"人生如戏""人生如歌""人生如梦""人生如寄""人生如茶""人生如咖啡""人生如逆水行舟"等。那么，作为一个"理工男"，一个从教几十年的教书匠，如何从通信的角度理解人生、描述人生呢？且听我慢慢道来……

4.9.1　人生如通信

通信的本质是信息的空间传递，即信息从 A 点到 B 点的传输过程。

人生的本质是生命的时间迁移，即生命体从生到殁的变化过程。

4.9.2 人生如面向无连接服务

"面向无连接服务"指通信双方不需要事先建立连接信道，信号（信息）在网络节点处随机（根据不同协议）选择下一条前往目的地路径的业务。生活中，可以类比邮政业务。

在人生的起点和终点之间也有千万条不同的路径。虽然事先可以设计或选择一条人生之路，但实际中往往是走一步看一步，在不同的路口根据不同的标准和条件选择继续前进的方向。因此，大多数人的人生也是随机而定的"面向无连接服务"。虽然目的地都一样，但到达的途径和方法却千差万别！

4.9.3 人生如链路

链路指通信双方之间由若干段通路连接起来的形似链条的信道。信号从发信端到收信端的信道不是直通，而是间通。直通信道好像一条直线，间通信道好比一条虚线。

人生从起点到终点也是"间通"，是"链路"而不是"通路"。比如：幼儿园、小学、中学、大学、工作单位1、工作单位2……工作单位 n，都是人生"信道"上的链路节点。

人生是链路，意味着人在不同的节点处要作停留，以"存储—转发"的方式前进，一段一段完成人生全部旅程。

4.9.4 人生以"存储—转发"方式前进

"存储—转发"是数字信号在链路信道中的传输方法。其特点是信号在到达一个链路节点时，先被存储在该节点处，然后根据协议被做相关处理（比如，误码校验），再根据其目的地地址单独或与其他信号一起（复用）由该节点发送到下一个节点。

一个人在其人生的道路上也可以认为是以"存储—转发"的方式前进。人在到达一个节点时，也常常会停下来，生活、学习、工作，在达到一定条件后，就会前往下一个节点。

4.9.5 人生如"调制/解调"过程

调制是一种信号处理技术。从效果上看，也可以说，调制是用低频信号控制高频信号的过程或方法。其主要功能是频率变换、信道复用和改善系统性能。通俗地讲，就是让通信效率更高、距离更远、质量更好。

人的一生也要不断地被"调制"。各种教育及调教活动，就是对人的"调制"，即对言行的控制和规范。其目的是让人生的长度可以更长、高度可以更高、质量可以更好。

学校或施教者相当于调制器，而社会或工作单位就是解调器（也可具有调制功能）。

如果不接受教育（调教），人生就像基带传输，其长度、高度和质量都会降低。

4.9.6 人生如"编码/译码"过程

编码/译码是通信技术的重要组成部分，是对信息和信号的一种处理技术。所谓编码是指用一组符号指代另一种符号（信息）的过程或方法。而译码就是从

一种符号中恢复出原始符号（信息）的过程或方法。二者是互逆的。编 / 译码都需要协议。

人的一生也需要编码，教育和学习就是一个"编 / 译码"过程。教材就是协议，学习教材后呈现出的言行就是译码的结果。不同的协议，会产生不同的编译码结果。显然，只有编制出高质量的协议（教材），才有可能得到高质量的编译码结果。教材可以是有形的书本，也可以是无形的文化思想。比如，每所学校的校徽、校训、校歌、校风和校纪等也是一种"教材"，也需要通过编码过程才能融入学生的思想和言行之中。

"教育别人"是一个"编码"过程，而从别人身上学习也是一个"译码"过程（挖掘别人言行的本质并效仿）。写书是编码，读书是译码。因此，每个人都是一个编译码器，既要编码（教育别人），也要译码（学习别人及展示自己）。

"教育别人"也是一个"调制"过程。而给予合适的环境和岗位，让人充分展示自我就是正确的"解调"过程。如果提供的岗位不适合，不能发挥人之所长，意味着"解调"性能不好甚至"解调"失败。

贵人或师长往往是编码和调制高手。只有编码高手才能写出高质量的协议（教材等），才能给出高效的编码方法和译码结果。只有调制高手才能给出正确的教育方法和调教过程。在漫漫人生路上，愿每个人能遇到编码和调制高手，接受到高质量教材及正确教育方法的编码和调制。同时，自己也要尽量充当编码和调制高手，至少在我们的孩子面前是。

人生中的"调制"和"编码"在功能上很相似，有重合区。如果一定要给出区别的话，可以认为"调制"规范行为，侧重于"硬"和"形"；"编码"赋予思想，侧重于"软"和"内"。

4.9.7 人生如"同步"过程

通常，同步也可称为"定时"。同步的目的是要保证信息传输的准确及可靠。

人的一个特点是具有社会性。通常，人是需要群体生活的，也就是要生活在社会中。那么，每个人除了有自己的独立言行和生活外，还必须在言行上与他人保持一定的一致性，符合社会公序良俗，遵纪守法，不可跨越雷池，也就是要与他人保持一定的"同步"，一旦"失步"，轻则摔跟头，重则断人生。

4.9.8 人生如随机信号

人生的长短、福祸、成就等都是不可预知的且因人而异，显然，人生可类比随机信号。若对一个群体进行长期观察，就会发现群体人生存在一定的规律性，比如，生活在大山里的人群寿命普遍较长；从事较多体力劳动的人群普遍身体较好；生活在大城市的人群普遍焦虑；经济发达地区的人群更容易遭受意外事故；学历高的人群对社会的贡献普遍较大；喜肉人群更容易肥胖；各种考试成绩服从正态分布等，可见，群体人生可类比随机过程。实际上，这也是各种社会科学研究项目的主要理论基础。

4.9.9 结语

（1）人生如通信。

（2）通信如交通。

（3）通信技术的主要内容可用"调制、解调、编码、译码、同步、协议"十二个字概括。

（4）漫漫人生的主要过程也可用"调制 / 解调""编码 / 译码"和"同步"类比。

（5）万事万物，虽各有千秋，但大多有内在联系，互为依靠，相辅相成。需要仔细观察、发现、挖掘、提炼、总结。

（6）"通信原理"是一门很有内涵的课程，值得好好学习。

4.9.10 问答

静静 老师，我觉得您这一讲的内容挺新颖、挺深奥。我得好好想一想，消化消化。

皮皮 嗯，希望你能有所收获。另外，建议大家多看看哲学方面的文章，比如《矛盾论》和《实践论》，会对自己的学习、工作、生活有很大的启发和帮助。

大家还有问题吗？

众人 没有了，老师。

皮皮 好！同学们，《画说通信原理》一书的全部内容今天就讲完了。虽然只讲解了 40 个大问题，但基本涵盖了经典"通信原理"课程的主要内容。而这些问题的讲解和诠释主要是对经典课程内容的补充，帮助大家更好地学习和掌握通信原理基础理论和实用技术。

希望通过对本书的学习，大家可以更好地理解通信专业知识，掌握正确的学

习方法，养成更强的独立分析问题及解决问题的能力，在以后的学习和工作中能够做到以下三点：

（1）用辩证的眼光看待事物。在哲学上叫"一分为二"；在俗语中叫"甘蔗没有两头甜"；在英语中叫"One coin has two sides"。

（2）勤于思考，善于联想，学会举一反三，触类旁通。

（3）自问自答。

作为新时代的年轻人，大家应该树立正确的世界观、人生观和价值观，为祖国的富强和民族的复兴，努力学习、勤奋工作，在不同的岗位上发光、发热。同时，为家人、为自己健康快乐地生活。当你在人生的终点回头望时，能够心满意足地说一声：此生无憾。

最后，祝大家学业有成，前程似锦。再见！

众人 谢谢老师！祝您身体健康，桃李满园。再见！

参考文献

[1] 张卫钢，曹丽娜．通信原理教程 [M]．北京：清华大学出版社，2015．

[2] 曹丽娜，张卫钢．通信原理大学教程 [M]．北京：电子工业出版社，2012．

[3] 樊昌信，曹丽娜．通信原理 [M]．6 版．北京：国防工业出版社，2006．

[4] 张辉，曹丽娜．现代通信原理与技术 [M]．2 版．西安：西安电子科技大学出版社，2008．

[5] 张卫钢，张维峰．通信原理与技术简明教程 [M]．北京：清华大学出版社，2013．

[6] 张卫钢．通信原理与通信技术 [M]．4 版．西安：西安电子科技大学出版社．2018．

[7] 张卫钢，张维峰．信号与系统教程 [M]．2 版．北京：清华大学出版社，2017．

[8] 张卫钢．电路分析教程 [M]．北京：清华大学出版社，2015．

[9] 田丽华．编码理论 [M]．西安：西安电子科技大学出版社，2003．

[10] 张莲，周登义，余成波．信息论与编码 [M]．北京：中国铁道出版社，2008．

[11] Forouzan B A, Fegan S C. 数据通信与网络 [M]．吴时霖，吴永辉，吴之艳，等译．北京：机械工业出版社，2007．

[12] Gallo M A, Hancock W M. 计算机通信和网络技术 [M]．王玉峰，邹士洪，黄东晖，等译．北京：人民邮电出版社，2003．

[13] Stallings W. 数据通信 [M]．刘家康，译．4 版．北京：人民邮电出版社，2005．

[14] 王新梅，肖国镇．纠错码——原理与方法（修订版）[M]．西安：西安电子科技大学出版社，2002．